Ramin Zibaseresht

Medicamentos na quimioterapia do cancro

Ramin Zibaseresht

Medicamentos na quimioterapia do cancro

Vol. 1

ScienciaScripts

Imprint

Cover image: www.ingimage.com

This book is a translation from the original published under ISBN 978-620-2-02674-1.

Publisher:
Sciencia Scripts
is a trademark of
Dodo Books Indian Ocean Ltd. and OmniScriptum S.R.L publishing group

120 High Road, East Finchley, London, N2 9ED, United Kingdom
Str. Armeneasca 28/1, office 1, Chisinau MD-2012, Republic of Moldova, Europe
Printed at: see last page
ISBN: 978-620-7-92777-7

Medicamentos na quimioterapia do cancro

Vol. 1

Ramin Zibaseresht, Ph.D. **Professor Associado de Química**

2017

Prefácio

O número de pessoas em todo o mundo com antecedentes de cancro está a aumentar devido ao envelhecimento e ao crescimento da população, à mudança de estilo de vida e à melhoria das taxas de sobrevivência.

Uma das formas de tratar o cancro é a quimioterapia. A quimioterapia é o tratamento do cancro com medicamentos anti-cancro. O objetivo é matar as células cancerígenas, causando o mínimo possível de danos às células normais.

Existe uma variedade de medicamentos disponíveis, cada um dos quais, ou uma combinação de alguns, leva ao tratamento de uma doença oncológica específica.

O objetivo desta série de colecções é fornecer informações sobre as estruturas químicas e o mecanismo de ação dos medicamentos anticancerígenos utilizados. Além disso, também são fornecidas algumas informações sobre os possíveis efeitos secundários que podem ocorrer durante o tratamento com esses medicamentos.

Recentemente, surgiram novos medicamentos mais especificamente dirigidos às células cancerosas e às estruturas essenciais para o seu crescimento e sobrevivência do que os medicamentos de quimioterapia existentes. Atualmente, estão a ser utilizados no tratamento de alguns tipos de cancro e estão a ser desenvolvidos alguns novos compostos promissores. Através de uma melhor orientação, estes novos medicamentos deverão ser mais eficazes contra os cancros resistentes à quimioterapia convencional e causar menos efeitos secundários desagradáveis e perigosos para a saúde e para as células normais.

Ramin Zibasersht

Conteúdo

Introdução

Existem muitos tipos de tratamento do cancro. Os tipos de tratamento dependem do tipo de cancro que tem e do grau de avanço do mesmo. Algumas pessoas com cancro fazem apenas um tratamento. Mas a maioria das pessoas faz uma combinação de tratamentos, como cirurgia com quimioterapia e/ou radioterapia. Pode também fazer imunoterapia, terapia direccionada ou terapia hormonal.

Os ensaios clínicos também podem ser uma opção para si. Os ensaios clínicos são estudos de investigação que envolvem pessoas. Compreender o que são e como funcionam pode ajudá-lo a decidir se participar num ensaio é uma boa opção para si.

Quando precisa de tratamento para o cancro, tem muito que aprender e em que pensar. É normal sentir-se sobrecarregado e confuso. Mas falar com o seu médico e aprender tudo o que puder sobre todas as opções de tratamento, incluindo ensaios clínicos, pode ajudá-lo a tomar uma decisão com a qual se sinta bem.

Quimioterapia

Tratamento que utiliza medicamentos para parar o crescimento das células cancerígenas, quer matando as células, quer impedindo-as de se dividirem. A quimioterapia pode ser administrada por via oral, por injeção ou infusão, ou na pele, dependendo do tipo e da fase do cancro a tratar. Pode ser administrada isoladamente ou com outros tratamentos, como cirurgia, radioterapia ou terapia biológica.

Os tratamentos contra o cancro podem causar efeitos secundários - problemas que ocorrem quando o tratamento afecta os tecidos ou órgãos saudáveis. Os efeitos secundários variam de pessoa para pessoa, mesmo entre as que estão a receber o mesmo tratamento. Algumas pessoas têm muito poucos efeitos secundários, enquanto outras têm muitos. O tipo de tratamento que recebe, bem como a quantidade ou a frequência do tratamento, a sua idade e outros problemas de saúde que tem também podem ser factores que influenciam os efeitos secundários que pode ter.

Antes de iniciar o tratamento, pergunte à sua equipa de cuidados de saúde quais os efeitos secundários que poderá ter. Informe-se sobre as medidas que pode tomar, bem como sobre os cuidados de apoio que irá receber, para diminuir os efeitos secundários durante e após o tratamento. Fale sobre quaisquer efeitos secundários que tenha e alterações que note, para que a sua equipa de cuidados de saúde o possa tratar ou ajudar a geri-los.

Efeitos secundários comuns na quimioterapia contra o cancro

Os efeitos secundários comuns causados pelo tratamento do cancro incluem:

- Anemia

A anemia é uma doença que pode fazer com que se sinta muito cansado, com falta de ar e com tonturas. Outros sinais de anemia podem incluir tonturas ou desmaios, dores de cabeça, batimento cardíaco acelerado e/ou pele pálida.

Os tratamentos contra o cancro, como a quimioterapia e a radioterapia, bem como os cancros que afectam a medula óssea, podem causar anemia. Quando se está anémico, o corpo não tem glóbulos vermelhos suficientes. Os glóbulos vermelhos são as células que transportam o oxigénio dos pulmões para todo o corpo, ajudando-o a funcionar corretamente. O doente faz análises ao sangue para verificar se tem anemia. O tratamento da anemia também se baseia nos sintomas e na causa da anemia.

- Perda de apetite

Os tratamentos contra o cancro podem diminuir o apetite ou alterar o sabor ou o cheiro dos alimentos. Os efeitos secundários, como problemas na boca e na garganta, ou náuseas e vómitos, também podem dificultar a alimentação. A fadiga relacionada com o cancro também pode diminuir o apetite.

Fale com a sua equipa de cuidados de saúde se não tiver fome ou se tiver dificuldade em comer. Não espere até se sentir fraco, ter perdido demasiado peso ou estar desidratado para falar com o seu médico ou enfermeiro. É importante comer bem, especialmente durante o tratamento do cancro.

- Hemorragias e hematomas (trombocitopenia)

Alguns tratamentos contra o cancro, como a quimioterapia e a terapia dirigida, podem aumentar o risco de hemorragias e nódoas negras. Estes tratamentos podem diminuir o número de plaquetas no sangue. As plaquetas são as células que ajudam o sangue a coagular e a parar a hemorragia. Quando a sua contagem de plaquetas é baixa, pode ficar com nódoas negras ou sangrar muito ou muito facilmente e ter pequenas manchas roxas ou vermelhas na pele. Esta condição é denominada trombocitopenia. É importante informar o seu médico ou enfermeiro se notar alguma destas alterações.

Contacte o seu médico ou enfermeiro se tiver problemas mais graves, como por exemplo:

Hemorragia que não pára ao fim de alguns minutos; hemorragia da boca, nariz ou quando vomita; hemorragia da vagina quando não está com o período (menstruação); urina vermelha ou cor-de-rosa; fezes pretas ou com sangue; ou hemorragia durante o período que é mais intensa ou dura mais tempo do que o normal.

Alterações na cabeça ou na visão, como dores de cabeça fortes ou alterações na capacidade de ver bem, ou se se sentir confuso ou com muito sono.

- Prisão de ventre

A obstipação é quando os movimentos intestinais são pouco frequentes e as fezes podem ser duras, secas e difíceis de defecar. A obstipação também pode provocar cãibras no estômago, inchaço e náuseas.

Os tratamentos contra o cancro, como a quimioterapia, podem causar obstipação. Certos medicamentos (como medicamentos para as dores), alterações na dieta, não beber líquidos suficientes e ser menos ativo também podem causar obstipação.

Existem medidas que podem ser tomadas para prevenir a obstipação. É mais fácil prevenir a obstipação do que tratar as suas complicações, que podem incluir impactação fecal ou obstrução intestinal.

- Delírio

O delírio é um estado mental confuso que inclui alterações na consciência, no pensamento, no julgamento, nos padrões de sono e no comportamento. Embora o delírio possa ocorrer no final da vida, muitos episódios de delírio são causados por medicamentos ou desidratação e são reversíveis.

Os sintomas de delirium geralmente ocorrem de repente (dentro de horas ou dias) durante um curto período de tempo e podem ir e vir. Embora o delirium possa ser confundido com depressão ou demência, estas condições são diferentes e têm tratamentos diferentes.

Tipos de Delirium

Os três principais tipos de delírio incluem:

- **Delírio hipoactivo:** O paciente parece sonolento, cansado ou deprimido
- **Delírio hiperativo:** O doente está inquieto, ansioso ou subitamente agitado e não cooperante
- **Delírio misto:** O paciente oscila entre o delírio hipoactivo e o delírio hiperativo

Causas de Delirium

A sua equipa de cuidados de saúde irá trabalhar para descobrir o que está a causar o delírio, para que possa ser tratado. As causas do delirium podem incluir:

- cancro avançado
- idade avançada
- tumores cerebrais
- desidratação
- infeção
- tomar certos medicamentos, como doses elevadas de opiáceos
- retirada ou paragem de certos medicamentos

A monitorização precoce de alguém com estes factores de risco de delírio pode preveni-lo ou permitir que seja tratado mais rapidamente.

As alterações causadas pelo delírio podem ser perturbadoras para os familiares e perigosas para a pessoa com cancro, especialmente se o discernimento for afetado. As pessoas com delírio podem ter maior probabilidade de cair, não conseguem controlar a bexiga e/ou os intestinos e têm maior probabilidade de ficar desidratadas. O seu estado confuso pode tornar difícil falar com os outros sobre as suas necessidades e tomar decisões sobre os cuidados a prestar. Os membros da família podem precisar de estar mais envolvidos na tomada de decisões.

- Diarreia

Diarreia significa ter movimentos intestinais moles, soltos ou aquosos com mais frequência do que o normal. Se a diarreia for grave ou durar muito tempo, o corpo não absorve água e nutrientes suficientes. Isto pode causar desidratação ou subnutrição. Os tratamentos contra o cancro, ou o próprio cancro, podem causar diarreia ou piorá-la. Alguns medicamentos, infecções e stress também podem causar diarreia. Informe a sua equipa de saúde se tiver diarreia.

A diarreia que provoca desidratação (a perda de demasiados líquidos do corpo) e níveis baixos de sal e potássio (minerais importantes necessários ao corpo) pode ser fatal. Contacte a sua equipa de saúde se sentir tonturas ou vertigens, se tiver urina amarela escura ou se não estiver a urinar, ou se tiver febre de 38 °C (100,5 °F) ou superior.

- Edema

Condição em que se verifica a acumulação de líquido nos tecidos do corpo, que pode ser causada por alguns tipos de quimioterapia, certos cancros e condições não relacionadas com o cancro.

Os sinais de edema podem incluir:

- inchaço nos pés, tornozelos e pernas
- inchaço nas mãos e nos braços
- inchaço no rosto ou no abdómen
- pele inchada, brilhante ou com um aspeto ligeiramente amassado após ser pressionada
- falta de ar, tosse ou batimentos cardíacos irregulares

Informe a sua equipa de cuidados de saúde se notar inchaço. O seu médico ou enfermeiro irá determinar o que está a causar os seus sintomas, aconselhá-lo sobre as medidas a tomar e poderá prescrever-lhe medicamentos.

Alguns problemas relacionados com o edema são graves. Contacte o seu médico ou enfermeiro se sentir falta de ar, se o ritmo cardíaco parecer diferente ou não for regular, se tiver um inchaço súbito ou um inchaço que se agrava ou que sobe pelos braços ou pernas, se ganhar peso rapidamente, se não urinar de todo ou se urinar apenas um pouco.

- Fadiga

A fadiga é um efeito secundário comum de muitos tratamentos contra o cancro, incluindo quimioterapia, radioterapia, terapia biológica, transplante de medula óssea e cirurgia. Condições como a anemia, bem como a dor, os medicamentos e as emoções, também podem causar ou agravar a fadiga.

As pessoas descrevem frequentemente a fadiga relacionada com o cancro como uma sensação de cansaço extremo, fraqueza, peso, esgotamento e falta de energia. O repouso nem sempre ajuda a combater a fadiga relacionada com o cancro. A fadiga relacionada com o cancro é um dos efeitos secundários mais difíceis de suportar para muitas pessoas.

Informe a sua equipa de saúde se se sentir extremamente cansado e não for capaz de fazer as suas actividades normais ou se estiver muito cansado mesmo depois de descansar ou dormir. Existem muitas causas para a fadiga. Manter um registo dos seus níveis de energia ao longo do dia ajudará o seu médico a avaliar a sua fadiga. Anote a forma como a fadiga afecta as suas actividades diárias e o que faz com que a fadiga melhore ou piore.

- Queda de cabelo (Alopécia)

Alguns tipos de quimioterapia provocam a queda do cabelo na cabeça e noutras partes do corpo. A radioterapia também pode causar queda de cabelo na parte do corpo que está a ser tratada. A perda de cabelo é designada por alopécia. Fale com a sua equipa de saúde para saber se o tratamento contra o cancro que vai receber provoca queda de cabelo.

Infeção e neutropenia

Uma infeção é a invasão e o crescimento de germes no corpo, tais como bactérias, vírus, leveduras ou outros fungos. Uma infeção pode começar em qualquer parte do corpo, pode espalhar-se por todo o corpo e pode causar um ou mais dos seguintes sinais:

- febre de 38 °C (100,5 °F) ou superior ou arrepios
- tosse ou dor de garganta
- diarreia
- dor de ouvido, dor de cabeça ou dor nos seios nasais, ou um pescoço rígido ou dorido
- erupção cutânea
- feridas ou revestimento branco na boca ou na língua
- inchaço ou vermelhidão, especialmente no local onde o cateter entra no corpo
- urina com sangue ou turva, ou dor ao urinar

Contacte a sua equipa de cuidados de saúde se tiver sinais de uma infeção. As infecções durante o tratamento do cancro podem ser fatais e requerem cuidados médicos urgentes. Não se esqueça de falar com o seu médico ou enfermeiro antes de tomar medicamentos - mesmo aspirina, acetaminofeno (como Tylenol®) ou ibuprofeno (como Advil®) - para a febre. Estes medicamentos podem baixar a febre, mas também podem mascarar ou esconder sinais de um problema mais grave.

Alguns tipos de cancro e tratamentos como a quimioterapia podem aumentar o risco de infeção. Isto deve-se ao facto de diminuírem o número de glóbulos brancos, as células que ajudam o corpo a combater as infecções. Durante a quimioterapia, haverá alturas do seu ciclo de tratamento em que o número de glóbulos brancos (chamados neutrófilos) é particularmente baixo e o risco de infeção é maior. O stress, a má alimentação e o sono insuficiente também podem enfraquecer o sistema imunitário, tornando as infecções mais prováveis.

Irá fazer análises ao sangue para verificar se há neutropenia (uma condição em que há um número reduzido de neutrófilos). Por vezes, podem ser administrados medicamentos para ajudar a prevenir infecções ou para aumentar o número de glóbulos brancos.

- Linfedema

O linfedema é uma doença em que o fluido linfático não é drenado corretamente. Este pode acumular-se nos tecidos e causar inchaço. Isto pode acontecer quando parte do sistema linfático é danificado ou bloqueado, como durante uma cirurgia para remover gânglios linfáticos ou radioterapia. Os cancros que bloqueiam os vasos linfáticos também podem causar linfedema.

O linfedema afecta normalmente um braço ou uma perna, mas também pode afetar outras partes do corpo, como a cabeça e o pescoço. Pode notar sintomas de linfedema na parte do corpo onde foi operado ou recebeu radioterapia. Normalmente, o inchaço desenvolve-se lentamente, ao longo do tempo. Pode desenvolver-se durante o tratamento ou pode começar anos após o tratamento.

No início, o linfedema num braço ou numa perna pode causar sintomas como

- inchaço e sensação de peso ou dor nos braços ou pernas, que pode alastrar aos dedos das mãos e dos pés
- uma mossa quando se pressiona a zona inchada
- inchaço que é suave ao toque e que normalmente não é doloroso no início

O linfedema que não é controlado pode causar:

- mais inchaço, fraqueza e dificuldade em mover o braço ou a perna
- comichão, vermelhidão, pele quente e, por vezes, erupção cutânea
- feridas que não cicatrizam e um risco acrescido de infecções cutâneas que podem causar dor, vermelhidão e inchaço
- espessamento ou endurecimento da pele
- sensação de aperto na pele; a pressão sobre a zona inchada não deixa marcas
- queda de cabelo

O linfedema da cabeça ou do pescoço pode causar:

- inchaço e sensação de aperto desconfortável no rosto, pescoço ou debaixo do queixo
- dificuldade em mover a cabeça ou o pescoço

Informe a sua equipa de saúde assim que notar os sintomas. O tratamento precoce pode prevenir ou reduzir a gravidade dos problemas causados pelo linfedema.

- Problemas de memória ou de concentração

O facto de ter problemas de memória ou de concentração (por vezes descritos como nevoeiro mental ou cérebro de quimioterapia) depende do tipo de tratamento que recebe, da sua idade e de outros factores relacionados com a saúde. Os tratamentos contra o cancro, como a quimioterapia, podem causar dificuldade em pensar, concentrar-se ou lembrar-se de coisas. O mesmo acontece com alguns tipos de terapias biológicas e com a radioterapia no cérebro.

Estes problemas cognitivos podem começar durante ou após o tratamento do cancro. Algumas pessoas notam alterações muito pequenas, como um pouco mais de dificuldade em lembrar-se de coisas, enquanto outras têm problemas de memória ou de concentração muito maiores.

O seu médico irá avaliar os seus sintomas e aconselhá-lo sobre formas de gerir ou tratar estes problemas. O tratamento de doenças como a má nutrição, ansiedade, depressão, fadiga e insónia também pode ajudar.

- Problemas da boca e da garganta

Os tratamentos contra o cancro podem causar problemas dentários, na boca e na garganta. A radioterapia na cabeça e no pescoço pode danificar as glândulas salivares e os tecidos da boca e/ou dificultar a mastigação e a deglutição em segurança. Alguns tipos de quimioterapia e terapia biológica também podem danificar as células da boca, garganta e lábios. Os medicamentos utilizados para tratar o cancro e determinados problemas ósseos também podem causar complicações orais.

Os problemas da boca e da garganta podem incluir:

- alterações do paladar (disgeusia) ou do olfato
- boca seca (xerostomia)
- infecções e feridas na boca
- dor ou inchaço na boca (mucosite oral)
- sensibilidade a alimentos quentes ou frios
- problemas de deglutição (disfagia)
- cárie dentária (cáries)

Os problemas bucais são mais graves se interferirem com o ato de comer e beber, pois podem levar à desidratação e/ou desnutrição. É importante contactar o seu médico ou enfermeiro se tiver dores na boca, lábios ou garganta que dificultem comer, beber ou dormir ou se tiver febre de 38 °C (100,5 °F) ou superior.

- Náuseas e vómitos

Náuseas é quando se sente mal do estômago, como se fosse vomitar. Vómitos é quando se vomita. Existem diferentes tipos de náuseas e vómitos causados pelo tratamento do cancro, incluindo náuseas e vómitos antecipatórios, agudos e retardados. Controlar as náuseas e os vómitos ajuda-o a sentir-se melhor e evita problemas mais graves, como a desnutrição e a desidratação.

O seu médico ou enfermeiro determinará o que está a causar os seus sintomas e aconselhá-lo-á sobre as formas de os prevenir. Os medicamentos denominados anti-náuseas ou antieméticos são eficazes na prevenção ou redução de muitos tipos de náuseas e vómitos. O medicamento é tomado em alturas específicas para prevenir e/ou controlar os sintomas de náuseas e vómitos.

- Problemas nos nervos (neuropatia periférica)

Alguns tratamentos contra o cancro causam neuropatia periférica, resultado de danos nos nervos periféricos. Estes nervos transportam informação do cérebro para outras partes do corpo. Os efeitos secundários dependem dos nervos periféricos (sensoriais, motores ou autonómicos) que são afectados.

Os danos nos nervos sensoriais (nervos que ajudam a sentir dor, calor, frio e pressão) podem causar:

- formigueiro, dormência ou sensação de alfinetes e agulhas nos pés e nas mãos que se pode espalhar para as pernas e braços
- incapacidade de sentir uma sensação de calor ou frio, como um fogão quente
- incapacidade de sentir dor, por exemplo, de um corte ou ferida no pé

Os danos nos nervos motores (nervos que ajudam os músculos a moverem-se) podem causar:

- músculos fracos ou doridos. Pode perder o equilíbrio ou tropeçar facilmente. Também pode ser difícil abotoar camisas ou abrir frascos.
- músculos que se contraem e têm cãibras ou perda de massa muscular (se não usar os músculos

regularmente).
- dificuldades em engolir ou respirar (se os músculos do peito ou da garganta estiverem afectados)

Os danos nos nervos autónomos (nervos que controlam funções como a pressão arterial, a digestão, o ritmo cardíaco, a temperatura e a micção) podem causar:

- alterações digestivas, como obstipação ou diarreia
- tonturas ou sensação de desmaio, devido a tensão arterial baixa
- problemas sexuais; os homens podem não conseguir ter uma ereção e as mulheres podem não atingir o orgasmo
- problemas de transpiração (transpiração excessiva ou insuficiente)
- problemas urinários, como perdas de urina ou dificuldade em esvaziar a bexiga
- Dor

O próprio cancro e os efeitos secundários do tratamento do cancro podem, por vezes, causar dor. A dor não é algo que tenha de "suportar". O controlo da dor é uma parte importante do seu plano de tratamento do cancro. A dor pode suprimir o sistema imunitário, aumentar o tempo que o seu corpo leva a curar, interferir com o sono e afetar o seu humor.

Fale com a sua equipa de cuidados de saúde sobre a dor, especialmente se:

- a dor não está a melhorar ou a desaparecer com medicamentos para a dor
- a dor aparece rapidamente
- a dor torna difícil comer, dormir ou realizar as suas actividades normais
- sente-se uma nova dor
- tem efeitos secundários do medicamento para as dores, tais como sonolência, náuseas ou obstipação

Problemas sexuais e de fertilidade (homens)

Muitos tratamentos contra o cancro e alguns tipos de cancro podem causar efeitos secundários relacionados com a sexualidade e a fertilidade. O facto de ter ou não estes problemas depende do tipo de tratamento(s) que recebe, da sua idade na altura do tratamento e do tempo decorrido desde o tratamento.

É importante saber como o tratamento recomendado para si pode afetar a sua fertilidade *antes de* iniciar o tratamento. Muitos homens também consideram útil falar com o seu médico ou enfermeiro sobre problemas sexuais que possam ter durante o tratamento. Aprender sobre estas questões ajudá-lo-á a tomar decisões que sejam melhores para si.

Tratamentos que podem causar problemas sexuais e de fertilidade

- A radioterapia na zona pélvica (por exemplo, no ânus, na bexiga, no pénis ou na próstata) pode dificultar a obtenção ou a manutenção de uma ereção. Também pode causar infertilidade, que pode ser temporária ou permanente. Alguns homens notam que as alterações da função sexual ocorrem lentamente ao longo de cerca de um ano. O tabagismo, as doenças cardíacas, a tensão arterial elevada e a diabetes podem agravar alguns problemas.
- A terapia hormonal pode causar alterações de humor, diminuição do desejo sexual, disfunção erétil e dificuldade em atingir o orgasmo.
- Alguns tipos de quimioterapia podem causar baixos níveis de testosterona e diminuir o desejo sexual. A quimioterapia também pode causar infertilidade, que pode ser temporária ou permanente.
- A cirurgia para cancro do pénis, do reto, da próstata, dos testículos e de outros cancros pélvicos pode afetar a função sexual e a fertilidade.
- Outros efeitos secundários do cancro e do seu tratamento, como a fadiga e a ansiedade, podem também diminuir o seu interesse pela atividade sexual.
- Problemas sexuais e de fertilidade (mulheres)

Muitos tratamentos contra o cancro e alguns tipos de cancro podem causar efeitos secundários relacionados com a sexualidade e a fertilidade. O facto de ter ou não estes problemas depende do tipo de tratamento(s) que recebe, da sua idade no momento do tratamento e do tempo decorrido desde o tratamento.

É importante obter informações sobre a forma como o tratamento recomendado para si pode afetar a sua fertilidade *antes de* iniciar o tratamento. Muitas mulheres também consideram útil falar com o seu médico ou enfermeiro sobre problemas sexuais que possam ter durante o tratamento. Aprender sobre estas questões ajudá-la-á a tomar decisões que sejam melhores para si.

- Alguns tipos de quimioterapia podem causar sintomas de menopausa precoce (afrontamentos, secura vaginal, períodos irregulares ou inexistentes e sensação de irritabilidade) ou provocar infecções vaginais. Pode também causar infertilidade temporária ou permanente.
- A terapia hormonal pode parar ou retardar o crescimento de certos cancros, como o cancro da mama. No entanto, níveis hormonais mais baixos podem causar problemas (afrontamentos, corrimento ou dor vaginal e dificuldade em atingir o orgasmo). Estes problemas são mais prováveis em mulheres com mais de 45 anos.
- A radioterapia na zona pélvica (vagina, útero ou ovários) pode causar:
  - infertilidade
  - sintomas da menopausa (afrontamentos, secura vaginal e ausência de menstruação)
  - dor ou desconforto durante o ato sexual
  - aumento do risco de malformações congénitas; utilizar um método contracetivo para evitar a gravidez
  - estenose vaginal (vagina menos elástica, estreita e mais curta)
  - comichão, ardor ou secura vaginal
  - atrofia vaginal (músculos vaginais fracos e parede vaginal fina)
- A cirurgia para cancros do útero, da bexiga, da vulva, do endométrio, do colo do útero ou dos ovários pode causar efeitos secundários relacionados com a sexualidade e a infertilidade, dependendo do tamanho e da localização do tumor.
- Outros efeitos secundários do cancro e do seu tratamento, como a fadiga e a ansiedade, podem também diminuir o seu interesse pela atividade sexual.

Alterações da pele e das unhas

Os tratamentos contra o cancro podem causar uma série de alterações na pele e nas unhas. Fale com a sua equipa de cuidados de saúde para saber se vai ou não ter estas alterações, com base no tratamento que está a receber.

- A radioterapia pode fazer com que a pele da parte do corpo que está a ser submetida à radioterapia fique seca e descamativa, provoque comichão (chamada prurido) e fique vermelha ou mais escura. Pode parecer queimada pelo sol ou bronzeada e ficar inchada ou inchada.
- A quimioterapia pode danificar as células de crescimento rápido da pele e das unhas. Isto pode causar problemas como pele seca, com comichão, vermelha e/ou que descama. Algumas pessoas podem desenvolver uma erupção cutânea ou sensibilidade ao sol, fazendo com que se queimem facilmente. As alterações nas unhas podem incluir unhas escuras, amarelas ou rachadas e/ou cutículas vermelhas e magoadas. A quimioterapia em pessoas que receberam radioterapia no passado pode fazer com que a pele fique vermelha, com bolhas, descamação ou dor na parte do corpo que recebeu a radioterapia; isto é chamado de reminiscência de radiação.
- A terapêutica biológica pode causar comichão (prurido).
- A terapêutica dirigida pode causar pele seca, erupção cutânea e problemas nas unhas.

Estes problemas de pele são mais graves e requerem cuidados médicos urgentes:

- Comichão súbita ou intensa, erupção cutânea ou urticária durante a quimioterapia. Estes podem ser sinais de uma reação alérgica.
- Feridas na parte do corpo onde está a receber tratamento que se tornam dolorosas, húmidas e/ou infectadas. A isto chama-se uma reação húmida e pode ocorrer em áreas onde a pele se dobra, como à volta das orelhas, peito ou nádegas.

Problemas de sono

Dormir bem é importante para a sua saúde física e mental. Uma boa noite de sono não só o ajuda a pensar com clareza, como também reduz a tensão arterial, ajuda o apetite e reforça o sistema imunitário.

No entanto, os problemas de sono são comuns nas pessoas que estão a ser tratadas contra o cancro.

Os estudos mostram que cerca de metade dos doentes têm problemas relacionados com o sono. Estes problemas podem ser causados pelos efeitos secundários do tratamento, pelos medicamentos, por longos períodos de hospitalização ou pelo stress.

Problemas urinários e da bexiga

Alguns tratamentos contra o cancro, como os indicados abaixo, podem causar problemas urinários e da bexiga:

- A radioterapia na pélvis (incluindo os órgãos reprodutores, a bexiga, o cólon e o reto) pode irritar a bexiga e o trato urinário. Estes problemas começam frequentemente várias semanas após o início da radioterapia e desaparecem várias semanas após o fim do tratamento.
- Alguns tipos de quimioterapia e de terapia biológica também podem afetar ou danificar as células da bexiga e dos rins.
- A cirurgia para remover a próstata (prostatectomia), a cirurgia do cancro da bexiga e a cirurgia para remover o útero de uma mulher, o tecido dos lados do útero, o colo do útero e a parte superior da vagina (histerectomia radical) também podem causar problemas urinários. Estes tipos de cirurgia podem também aumentar o risco de infeção do trato urinário.

Sintomas de um problema urinário

Fale com o seu médico ou enfermeiro para saber quais os sintomas que pode sentir e para saber a que sintomas deve ligar. Algumas alterações urinárias ou da bexiga podem ser normais, tais como alterações da cor ou do cheiro da urina causadas por alguns tipos de quimioterapia. A sua equipa de cuidados de saúde determinará o que está a causar os seus sintomas e aconselhará sobre as medidas a tomar para se sentir melhor.

Irritação do revestimento da bexiga (cistite de radiação):

- dor ou sensação de ardor antes ou depois de urinar
- sangue na urina
- dificuldade em começar a urinar
- dificuldade em esvaziar completamente a bexiga
- sensação de necessidade de urinar com urgência ou frequência
- urinar um pouco quando espirra ou tosse
- espasmos na bexiga, cãibras ou desconforto na zona pélvica

Infeção do trato urinário (ITU):

- dor ou sensação de ardor ao urinar
- urina turva ou vermelha
- febre de 38 °C (100,5 °F) ou superior, arrepios e fadiga
- dor nas costas ou no abdómen
- dificuldade em urinar ou não ser capaz de urinar

Nas pessoas que estão a ser tratadas contra o cancro, uma ITU pode transformar-se numa doença grave que necessita de cuidados médicos imediatos. Se tiver uma infeção bacteriana, ser-lhe-ão receitados antibióticos.

Sintomas que podem ocorrer após a cirurgia:

- perdas de urina (incontinência)
- dificuldade em esvaziar completamente a bexiga

Medicamentos de quimioterapia para o cancro

Este capítulo inclui mais de 200 resumos alfabéticos de informações sobre medicamentos contra o cancro. Os resumos fornecem a estrutura e o mecanismo de ação destes compostos químicos.

Os resumos dos medicamentos individuais contra o cancro abrangem as utilizações destes medicamentos, as estruturas químicas e os mecanismos de ação, a farmacologia, os resultados da investigação, os possíveis efeitos secundários, a informação sobre a aprovação e os ensaios clínicos em curso. A lista inclui os nomes de marca e genéricos dos medicamentos.

Os resumos das associações de medicamentos contra o cancro estão listados por abreviatura ou nome comum e são apresentados em letras maiúsculas. Cada resumo apresenta uma lista dos medicamentos que compõem a associação e explica para que é que a associação é utilizada.

O livro foi preparado em 5 volumes nos quais mais de 200 informações sobre medicamentos contra o cancro são fornecidas alfabeticamente.

No primeiro volume, são descritos alguns medicamentos ou combinações de alguns medicamentos cujos nomes começam por A.

1. Acetato de abiraterona

Nome(s) de marca dos EUA: Zytiga

Nome formal	(3β)-17-(3-pyridinyl)-androsta-5,16-dien-3-ol, éster de acetato
Número CAS	
Sinónimos Fórmula	154229-18-2
molecular Fórmula	CB-7630 Zytiga® C26H33NO2
Peso	391,6 $gmol^{-1}$

Estrutura química

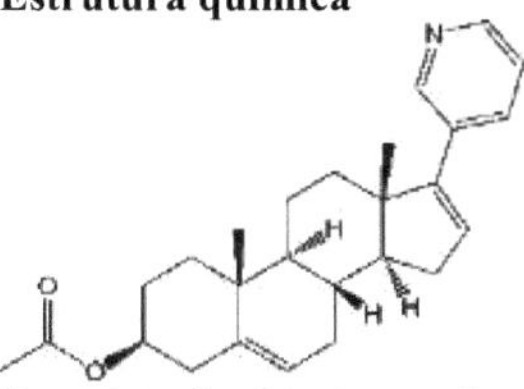

O acetato de abiraterona é um antiandrogénio esteroide, especificamente um inibidor da síntese de androgénios, utilizado em combinação com prednisona no cancro da próstata metastático resistente à castração (anteriormente designado cancro da próstata resistente a hormonas ou refratário a hormonas), *ou seja*, cancro da próstata que não responde à privação de androgénios ou ao tratamento com antagonistas dos receptores de androgénios. É um pró-fármaco do agente ativo abiraterona e é comercializado pela Janssen Biotech sob a designação comercial de **Zytiga**. Além disso, a Intas Pharmaceuticals comercializa o medicamento sob a designação comercial de **Abiratas**, a Cadila Pharmaceuticals comercializa o medicamento como **Abretone** e a Glenmark Pharmaceuticals como **Abirapro**.

O acetato de abiraterona foi aprovado pela Food and Drug Administration dos Estados Unidos em 28 de abril de 2011.

Aprovação da FDA para o Acetato de Abiraterona

Nome da marca: Zytiga®

Aprovado para utilização com prednisona para o cancro da próstata metastático resistente à castração antes de quimioterapia

Em 10 de dezembro de 2012, a Food and Drug Administration (FDA) aprovou uma indicação alargada para o acetato de abiraterona (Zytiga® comprimidos, fabricado pela Janssen Biotech, Inc.) em combinação com prednisona para o tratamento de doentes com cancro da próstata metastático resistente à castração.

A aprovação baseou-se num ensaio que distribuiu aleatoriamente os doentes com cancro da próstata metastático resistente à castração que não tinham recebido quimioterapia citotóxica por acetato de abiraterona mais prednisona (N = 546) ou placebo mais prednisona (N = 542). A entrada foi limitada a doentes com metástases nos ossos, tecidos moles ou gânglios linfáticos. Foram excluídos os doentes com dor oncológica moderada a grave ou com utilização de opiáceos para a dor oncológica. Todos os doentes tinham uma orquiectomia prévia ou continuavam a receber um análogo da hormona libertadora de gonadotropina.

Os objectivos secundários foram a sobrevivência livre de progressão radiográfica (rPFS) e a sobrevivência global (OS). O tratamento com acetato de abiraterona melhorou a rPFS. A rPFS mediana foi de 8,3 meses para os doentes tratados com placebo e ainda não tinha sido atingida para os doentes tratados com acetato de abiraterona [HR 0,43 (95% CI: 0,35, 0,52), p < 0,0001]. Na terceira análise interina pré-especificada, a OS mediana foi de 35,3 meses para os pacientes tratados com acetato de abiraterona e 30,1 meses para os pacientes tratados com placebo. [HR 0,79 (95% CI: 0,66, 0,96)]. Estes resultados não ultrapassaram o limite de O'Brien-Fleming para a significância estatística. Os objectivos primários foram apoiados por melhorias estatisticamente significativas no tempo até à utilização de opiáceos e no tempo até à quimioterapia citotóxica.

Os dados de segurança foram avaliados em 1333 doentes com cancro da próstata metastático resistente à castração que receberam acetato de abiraterona e prednisona e em 934 doentes que receberam placebo e prednisona neste e no outro ensaio principal. As reacções adversas mais comuns (pelo menos 10%) incluíram fadiga, inchaço ou desconforto nas articulações, edema, afrontamento, diarreia, vómitos, tosse, hipertensão, dispneia, infeção do trato urinário e contusão. As anomalias laboratoriais mais comuns (mais de 20%) incluíram anemia, fosfatase alcalina elevada, hipertrigliceridemia, linfopenia, hipercolesterolemia, hiperglicemia, elevação da aspartato aminotransferase (AST), hipofosfatemia, elevação da alanina aminotransferase (ALT) e hipocalemia.

Ocorreram reacções adversas de grau 3-4 em 55 por cento dos doentes que receberam acetato de abiraterona e em 50 por cento dos que receberam placebo. Ocorreram aumentos de ALT ou AST de grau 3-4 em 4 por cento dos doentes tratados com acetato de abiraterona. A insuficiência cardíaca de grau 3-4 ocorreu mais frequentemente em doentes tratados com acetato de abiraterona em comparação com os que receberam placebo (1,6 por cento vs. 0,2 por cento). A insuficiência adrenal ocorreu em 0,5 por cento dos doentes que tomaram acetato de abiraterona e em 0,2 por cento dos que receberam placebo. Os doentes devem ser monitorizados quanto a insuficiência adrenocortical e excesso de mineralocorticóides.

A dose e o horário recomendados para o acetato de abiraterona são 1000 mg administrados por via oral uma vez por dia em combinação com prednisona 5 mg administrada por via oral duas vezes por dia. O acetato de abiraterona deve ser tomado com o estômago vazio. Não devem ser ingeridos alimentos durante pelo menos 2 horas antes e pelo menos 1 hora depois do acetato de abiraterona.

A C_{max} e a $AUC_{0-\infty}$ (exposição) da abiraterona aumentaram até 17 e 10 vezes, respetivamente, quando uma dose única de acetato de abiraterona foi administrada com uma refeição em comparação com um estado de jejum.

Aprovado para utilização com prednisona no cancro da próstata metastático resistente à castração após docetaxel

Em 28 de abril de 2011, a FDA aprovou o acetato de abiraterona (Zytiga™ Tablets, fabricado pela Centocor Ortho Biotech, Inc.) para utilização em combinação com prednisona para o tratamento de doentes com cancro da próstata metastático resistente à castração (mCRPC) que tenham recebido quimioterapia prévia contendo docetaxel.

A aprovação baseia-se nos resultados de um ensaio multicêntrico aleatório controlado por placebo em 1195 doentes com mCRPC previamente tratados com regimes contendo docetaxel. Os doentes foram distribuídos aleatoriamente (2:1) para receberem acetato de abiraterona por via oral numa dose de 1000 mg uma vez por dia (n = 797) ou placebo uma vez por dia (n = 398). Todos os doentes receberam prednisona 5 mg por via oral duas vezes por dia. O tratamento continuou até à progressão da doença (definida como um aumento de 25 por cento no PSA em relação ao valor basal/nadir do doente, juntamente com progressão radiográfica definida pelo protocolo e progressão sintomática ou clínica), toxicidade inaceitável, início de novo tratamento ou retirada. Foram excluídos os doentes com tratamento prévio com cetoconazol para o cancro da próstata e com antecedentes de perturbações da glândula suprarrenal ou da hipófise.

Foi efectuada uma análise provisória pré-especificada da sobrevivência global (OS) após a ocorrência de 552 eventos. Esta análise demonstrou uma melhoria estatisticamente significativa na OS nos doentes que receberam acetato de abiraterona em comparação com os doentes que receberam o placebo. (HR = 0,646; 95% CI: 0,543, 0,768; p 0,0001). A mediana da OS foi de 14,8 meses para os doentes que receberam acetato de abiraterona em comparação com 10,9 meses de OS para os doentes que receberam o placebo. Uma análise actualizada da OS, realizada após 775 eventos, demonstrou uma OS mediana de 15,8 meses para os doentes que receberam acetato de abiraterona em comparação com 11,2 meses para os doentes que receberam o placebo (HR = 0,740; 95% CI: 0,638, 0,859).

As reacções adversas mais comuns (mais de cinco por cento dos doentes) foram inchaço ou desconforto nas articulações, hipocalemia, edema, desconforto muscular, afrontamento, diarreia, infeção do trato urinário, tosse, hipertensão, arritmia, frequência urinária, noctúria, dispepsia e infeção do trato respiratório superior. As reacções adversas mais comuns que resultaram na descontinuação do medicamento foram o aumento da aspartato aminotransferase e/ou alanina aminotransferase, urosepsis e insuficiência cardíaca (cada uma em menos de 1% dos doentes a tomar acetato de abiraterona).

Os desequilíbrios electrolíticos mais comuns em doentes a receber abiraterona foram a hipocalemia (28%) e a hipofosfatemia (24%). Após a interrupção dos corticosteróides diários e/ou com infeção ou stress concomitantes, foi notificada insuficiência adrenocortical (menos de um por cento) em ensaios clínicos em doentes que receberam acetato de abiraterona na dose recomendada em combinação com prednisona.

A dose e o horário recomendados para o acetato de abiraterona são 1000 mg por via oral uma vez por dia em combinação com prednisona 5 mg por via oral duas vezes por dia. O acetato de abiraterona deve ser tomado com o estômago vazio. Não devem ser ingeridos alimentos durante, pelo menos, 2 horas antes da toma da dose de acetato de abiraterona e durante, pelo menos, uma hora após a dose de acetato de abiraterona.

O acetato de abiraterona é conhecido como um inibidor oral da biossíntese de androgénios para o tratamento do cancro da próstata resistente à castração.

O cancro da próstata é a segunda principal causa de morte por cancro nos homens nos EUA e na Europa. O tratamento do cancro da próstata em fase avançada tem sido a privação de androgénios. A castração médica leva a uma diminuição da produção de testosterona e dihidrotestosterona pelos testículos, mas as glândulas supra-renais e mesmo o tecido do cancro da próstata continuam a produzir androgénios, o que acaba por levar à continuação do crescimento do cancro da próstata apesar do nível castrado de androgénios. Esta fase é conhecida como cancro da próstata resistente à castração (CRPC), cujo tratamento continua a ser um desafio. A adição de antagonistas androgénicos à privação hormonal tem sido bem sucedida na redução dos níveis de antigénio específico da próstata, mas não se traduziu em opções que prolonguem a vida. Os resultados de vários estudos contemporâneos continuaram a demonstrar que a ativação do recetor de androgénios é o fator-chave para o crescimento contínuo do cancro da próstata. O bloqueio da produção de androgénios por fontes nãoonadais conduziu a benefícios clínicos neste contexto. Um desses agentes é o acetato de abiraterona, que reduz significativamente a produção de androgénios através do bloqueio da enzima citocromo P45017 alfa hidroxilase (CYP17). Isto proporcionou aos médicos outra opção de tratamento para os doentes com CRPC. O panorama do tratamento do cancro da próstata mudou com a aprovação do cabazitaxel, do sipuleucel-T e da abiraterona. Aqui apresentamos uma visão geral do acetato de abiraterona, a sua
mecanismo de ação, e o seu potencial lugar para terapia no CRPC.

Farmacologia

Farmacodinâmica

Mecanismo de ação

O acetato de abiraterona (ZYTIGA) é convertido in vivo em abiraterona, um inibidor da biossíntese de androgénios, que inibe seletivamente a enzima 17α-hidroxilase/C17, 20-liase (CYP17). Esta enzima é expressa e é necessária para a biossíntese de androgénios nos tecidos testiculares, supra-renais e nos tecidos tumorais prostáticos. Catalisa a conversão da pregnenolona e da progesterona em precursores da testosterona, DHEA e androstenediona, respetivamente. Esta conversão ocorre por 17α hidroxilação e clivagem da ligação C17, 20. A inibição do CYP17 também resulta num aumento da produção de mineralocorticóides pelas supra-renais (ver PRECAUÇÕES). O carcinoma da próstata sensível aos androgénios responde ao tratamento que diminui os níveis de androgénios. As terapias de privação de androgénio, como o tratamento com agonistas da hormona libertadora da hormona luteinizante (LHRH) ou a orquiectomia, diminuem a produção de androgénio nos testículos, mas não afectam a produção de androgénio pelas supra-renais ou no tumor. O tratamento com abiraterona diminui a testosterona sérica para níveis indetectáveis (utilizando ensaios comerciais) quando administrada com agonistas da LHRH (ou orquiectomia). Efeitos farmacodinâmicos A abiraterona diminui a testosterona sérica e outros androgénios para níveis inferiores aos alcançados com a utilização isolada de agonistas da LHRH ou com a orquiectomia. O antigénio específico da próstata (PSA) funciona como um biomarcador em doentes com cancro da próstata. Num estudo clínico de fase 3 em doentes que falharam a quimioterapia prévia com taxanos, 29% dos doentes tratados com abiraterona, contra 6% dos doentes tratados com placebo, tiveram um declínio de pelo menos 50% dos níveis de PSA em relação à linha de base.

Utilização no cancro

O acetato de abiraterona está aprovado para ser utilizado com prednisona para tratar:

- **Cancro da próstata** com metástases (que se espalhou para outras partes do corpo). É utilizado em doentes cuja doença não melhorou com outra terapia hormonal.

A abiraterona está também a ser estudada para o tratamento de outros tipos de cancro.

Definição do NCI Drug Dictionary - Sal de acetato oralmente ativo do composto esteroide abiraterona com atividade antiandrogénica. A abiraterona inibe a atividade enzimática da esteroide 17alfa-monooxigenase (complexo 17alfa-hidrolase/C17,20 liase), um membro da família do citocromo p450 que catalisa a 17alfa-hidroxilação dos intermediários esteróides envolvidos na síntese da testosterona. A administração deste agente pode suprimir a produção de testosterona pelos testículos e pelas glândulas supra-renais para níveis de castração.

Informações de segurança importantes

Contra-indicações- ZYTIGA® (acetato de abiraterona) não é indicado para utilização em mulheres. ZYTIGA® pode causar danos fetais (categoria de gravidez X) quando administrado a uma mulher grávida e está contraindicado em mulheres que estão ou podem engravidar.

Hipertensão, hipocalemia e retenção de líquidos devido ao excesso de mineralocorticóides - Utilizar com precaução em doentes com antecedentes de doenças cardiovasculares ou com condições médicas que possam ser comprometidas por aumentos da tensão arterial, hipocalemia ou retenção de líquidos. ZYTIGA® pode causar hipertensão, hipocalemia e retenção de líquidos como consequência do aumento dos níveis de mineralocorticóides resultantes da inibição do CYP17. A segurança não foi estabelecida em doentes com FEVE <50% ou insuficiência cardíaca de classe III ou IV da New York Heart Association (NYHA) (no Estudo 1) ou insuficiência cardíaca de classe II a IV da NYHA (no Estudo 2) porque estes doentes foram excluídos destes ensaios clínicos aleatórios. Controlar a hipertensão e corrigir a hipocalemia antes e durante o tratamento. Monitorizar a tensão arterial, o potássio sérico e os sintomas de retenção de líquidos pelo menos uma vez por mês.

Insuficiência adrenocortical (IA)- A IA foi notificada em doentes que receberam ZYTIGA® em combinação com prednisona, após uma interrupção dos esteróides diários e/ou com infeção ou stress concomitantes. Ter cuidado e monitorizar os sintomas e sinais de IA se a prednisona for interrompida ou retirada, se a dose de prednisona for reduzida ou se o doente sofrer um stress invulgar. Os sintomas e sinais de IA podem ser mascarados por reacções adversas associadas ao excesso de mineralocorticóides observado em doentes tratados com ZYTIGA® . Efetuar testes apropriados, se indicado, para confirmar a IA. Podem ser utilizadas doses mais elevadas de corticosteróides antes, durante e após situações de stress.

Hepatotoxicidade - Monitorizar a função hepática e modificar, reter ou descontinuar a dose de ZYTIGA® conforme recomendado (ver Informação de Prescrição para mais informações). Medir as transaminases séricas [alanina aminotransferase (ALT) e aspartato aminotransferase (AST)] e os níveis de bilirrubina antes de iniciar o tratamento com ZYTIGA® , a cada duas semanas durante os primeiros três meses de tratamento e mensalmente a partir daí. Medir imediatamente a bilirrubina total sérica, a AST e a ALT se surgirem sintomas clínicos ou sinais sugestivos de hepatotoxicidade. Os aumentos da AST, ALT ou bilirrubina em relação à linha de base do doente devem levar a uma monitorização mais frequente. Se, em qualquer altura, a AST ou a ALT se elevarem acima de cinco vezes o limite superior do normal (ULN) ou a bilirrubina se elevar acima de três vezes o ULN, interromper o tratamento com ZYTIGA® e monitorizar de perto a função hepática.

Reacções adversas - As reacções adversas mais comuns (≥10%) são fadiga, inchaço ou desconforto nas articulações, edema, afrontamento, diarreia, vómitos, tosse, hipertensão, dispneia, infeção do trato urinário e contusão.As anormalidades laboratoriais mais comuns (>20%) são anemia, fosfatase alcalina elevada, hipertrigliceridemia, linfopenia, hipercolesterolemia, hiperglicemia, AST elevada, hipofosfatemia, ALT elevada e hipocalemia.

Interacções medicamentosas- Com base em dados *in vitro*, ZYTIGA® é um substrato do CYP3A4. Num ensaio de interação medicamentosa, a coadministração de rifampicina, um forte indutor do CYP3A4, diminuiu a exposição da abiraterona em 55%. Evitar a administração concomitante de indutores fortes do CYP3A4 durante o tratamento com ZYTIGA® . Se for necessário coadministrar um indutor forte do CYP3A4, aumentar a frequência da dose de ZYTIGA® apenas durante o período de coadministração [ver Posologia e administração (2.3)]. Num ensaio de interação medicamentosa específico, a coadministração de cetoconazol, um forte inibidor do CYP3A4, não teve qualquer efeito clinicamente significativo na farmacocinética da abiraterona.
ZYTIGA® é um inibidor das enzimas hepáticas CYP2D6 e CYP2C8 que metabolizam os medicamentos. Evitar a coadministração com substratos da CYP2D6 com um índice terapêutico estreito. Se não for possível recorrer a tratamentos alternativos, ter cuidado e considerar uma redução da dose do medicamento substrato da CYP2D6. Num ensaio de interação medicamentosa com o CYP2C8 em indivíduos saudáveis, a AUC da pioglitazona, um substrato do CYP2C8, foi aumentada em 46% quando administrada com uma dose única de ZYTIGA® . Os doentes devem ser monitorizados de perto quanto a sinais de toxicidade relacionados com o substrato CYP2C8 com um índice terapêutico estreito, se utilizados concomitantemente com ZYTIGA® .
Utilização em populações específicas - Não utilizar ZYTIGA® em doentes com insuficiência hepática grave de base (Child-Pugh Classe C).

2. Abitrexato (Metotrexato)

US Nome(s) da(s) marca(s):
Rheumatrex
Trexall
Abitrexato
Folex PFS
Folex
Metotrexato LPF
Mexate-AQ
Mexate
Denominações químicas: Metotrexato; 59-05-2; Rheumatrex; Abitrexato; Ametopterina; Mexate;
Mais...
Fórmula molecular: $C_{20}H_{22}N_8O_5$
Peso molecular: 454,43928 $gmol^{-1}$
Estrutura química

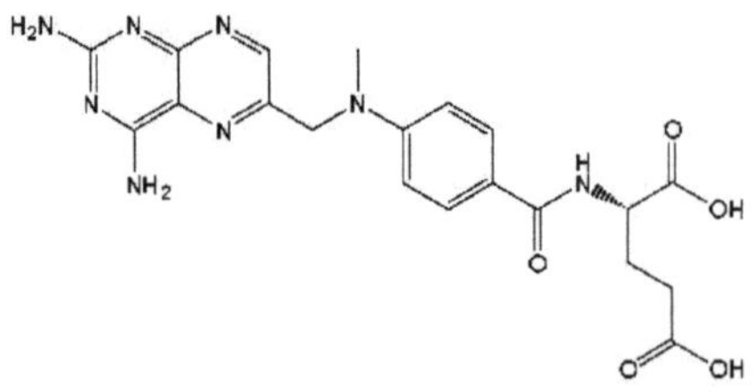

Aprovado pela FDA

O metotrexato (MTX) é um medicamento altamente potente contra a leucemia e outras neoplasias. No entanto, o fármaco é conhecido por exercer efeitos secundários tóxicos e por induzir resistência ao fármaco nas células-alvo, em resultado de deficiências no mecanismo de atravessamento da membrana mediado pelo transportador ativo. A ligação biorreversível a um polímero transportador biocompatível e solúvel em água é uma tecnologia avançada concebida para contornar os obstáculos farmacológicos críticos que o fármaco tem de ultrapassar para uma ação biológica eficaz.

O metotrexato interfere com o crescimento de determinadas células do organismo, especialmente as células que se reproduzem rapidamente, como as células cancerígenas, as células da medula óssea e as células da pele.

Metotrexato é utilizado para tratar certos tipos de cancro da mama, pele, cabeça e pescoço, ou pulmão. É também utilizado para tratar a psoríase grave e a artrite reumatoide.

O metotrexato é normalmente administrado depois de terem sido experimentados outros medicamentos sem sucesso no tratamento dos sintomas.

O metotrexato também pode ser utilizado para fins não indicados neste guia de medicação.

Historial da utilização clínica:

O metotrexato, um antimetabolito do folato sintetizado há cinco décadas, está a ser utilizado clinicamente há mais de 35 anos. Tem uma longa história de utilização no tratamento de várias doenças imunológicas. O MTX começou por ser utilizado como medicamento para o tratamento do cancro, em especial da leucemia infantil, no início da década de 1940 (1). Na década de 1960, foi utilizado no tratamento da artrite reumatoide e da psoríase. Em meados da década de 1980 (2), muitos reumatologistas relataram as suas experiências com a utilização do MTX em estudos sobre a artrite reumatoide. Foram então elaboradas directrizes para a utilização do MTX que abordavam a dosagem, a biópsia hepática e as estratégias de monitorização, com o objetivo de reduzir a incidência de efeitos adversos (3). Atualmente, o metotrexato está indicado para o tratamento da leucemia linfocítica aguda (LLA), bem como para a artrite reumatoide e a psoríase. O medicamento também foi considerado eficaz no tratamento de outras doenças, incluindo asma, lúpus eritematoso sistémico, doença de Crohn, miosite, vasculite e gravidez ectópica (4-6). O MTX é também utilizado pelas suas propriedades poupadoras de esteróides em doentes asmáticos e outros que possam ter efeitos secundários relacionados com a utilização de corticosteróides (7). A literatura refere o MTX como um componente-chave no tratamento de linfomas relacionados com o VIH e outras neoplasias de células germinativas (8, 9), bem como da expressão tardia do VIH-LTR (repetição terminal longa) induzida pelo MTX, sendo o MTX um agente quimioterapêutico que não danifica diretamente o ADN (10). No entanto, a eficácia clínica do MTX é frequentemente prejudicada pelo desenvolvimento de resistência adquirida. Em particular, nos tumores humanos e murinos, a absorção celular do fármaco é prejudicada em consequência de um sistema de transporte ativo defeituoso (transportador de folato reduzido (RFC)), que regula a entrada celular de análogos do folato. Foram demonstrados vários mecanismos bioquímicos de resistência. Entre estes, os principais são a diminuição da absorção do fármaco, a amplificação do gene da diidrofolato redutase e, por conseguinte, um aumento da enzima alvo, mutações genéticas e a diminuição da capacidade de formar poliglutamato de metotrexato no interior das células (11-13).

Modo de ação:

A difusão passiva do MTX através da membrana celular é limitada, devido à sua natureza hidrofílica. De facto, o MTX é altamente polar e, devido a esta polaridade, no pH quase neutro dos fluidos biológicos, está presente principalmente na forma de espécie duplamente aniónica. Este facto leva à inibição da penetração celular. Consequentemente, apenas uma pequena porção de MTX entra com êxito no espaço intracelular por difusão passiva, enquanto a maior parte entra por mecanismo mediado por transportador. O principal alvo de ação farmacológica do MTX é a inibição competitiva da diidrofolato-redutase (DHFR), uma enzima intracelular que reduz o ácido fólico a cofactores de tetrahidrofolato, que são, por sua vez, intermediários-chave em várias vias bioquímicas importantes, entre as quais a biossíntese de *novo* das purinas e do timidilato. Mathews e *col.* (14), utilizando espectros Raman do complexo MTX-DHFR, mostraram que a inibição ocorre como resultado da ligação iónica entre o N-1 da porção de pterina e a enzima. A falta de folatos reduzidos, purinas e timina em células em proliferação ativa, como as dos tumores, leva a um bloqueio da síntese de ADN e ARN e, eventualmente, à morte celular.

Verificou-se que a afinidade do MTX para algumas enzimas que requerem folatos nas vias biossintéticas das purinas e do timidilato aumenta à medida que aumenta o número de resíduos de γ-glutamilo. Além disso, o aumento da polaridade das espécies poliglutamiladas de MTX dificulta o seu efluxo a partir das células.

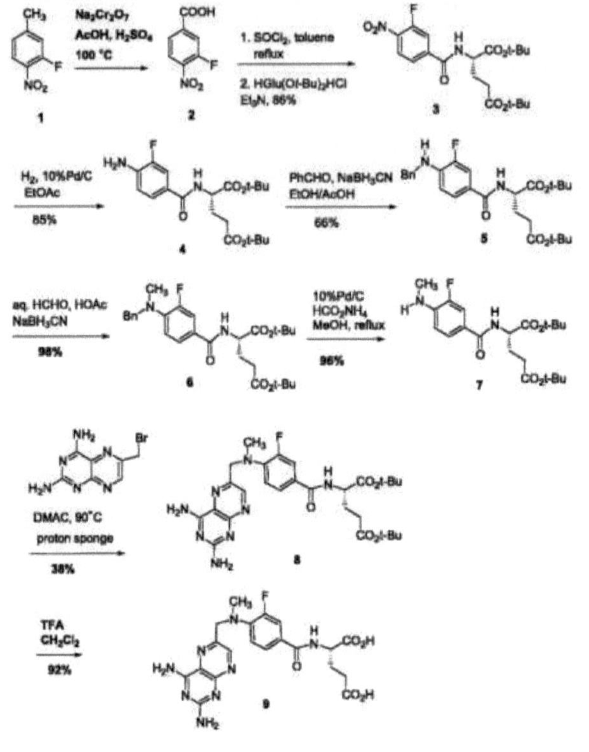

Figura 1. Síntese do metotrexato.

Mecanismo de ação do metotrexato

Atualmente, foram sugeridos vários mecanismos farmacológicos de ação do metotrexato, incluindo a inibição da síntese de purinas e pirimidinas, a supressão das reacções de transmetilação com acumulação de poliaminas, a redução da proliferação de células T dependentes de antigénios e a promoção da libertação de adenosina com supressão da inflamação mediada pela adenosina.

É possível que uma combinação destes mecanismos seja responsável pelos efeitos anti-inflamatórios do metotrexato. Até à data, o efeito anti-inflamatório do metotrexato mediado pela adenosina é melhor apoiado pelos dados in vitro, in vivo e clínicos.

Mecanismo de ação do metotrexato no cancro

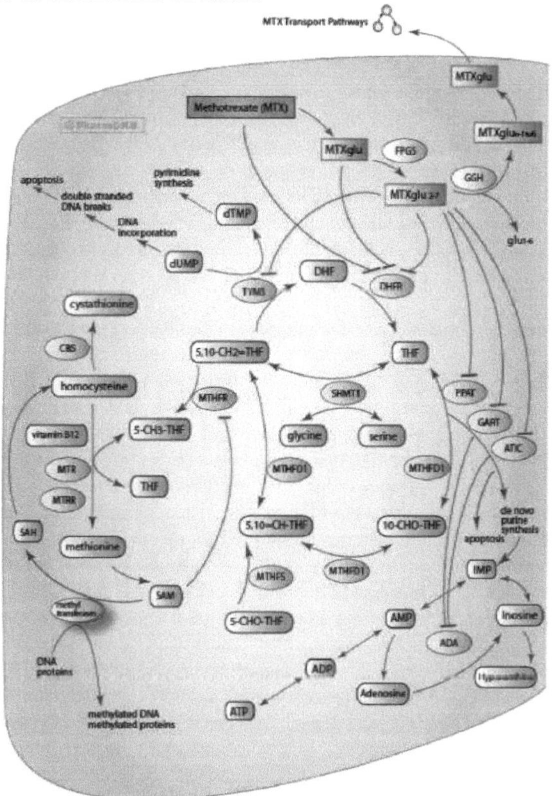

Figura 2. Mecanismo de ação do metotrexato no cancro.

O metotrexato (MTX) é um análogo do folato utilizado no tratamento de cancros (*por exemplo*, leucemia linfoblástica aguda, linfoma não-Hodgkin, osteossarcoma e cancro do cólon) e de doenças auto-imunes (*por exemplo*, artrite reumatoide, doença de Crohn e psoríase). No tratamento das doenças auto-imunes, o MTX é geralmente administrado por via oral ou subcutânea, ao passo que no tratamento do cancro pode ser administrado por via oral, intramuscular, por injeção intratecal ou por perfusão intravenosa (15-17). A farmacocinética e a farmacodinâmica do MTX apresentam uma grande variabilidade entre doentes, independentemente da via de administração ou da doença que está a ser tratada (18-20). Esta figura ilustra os genes candidatos na via do MTX.

O perfil farmacodinâmico do MTX pode, em grande medida, ser explicado pelas suas interacções com as enzimas da via do folato. Os efeitos das variações destes genes na resposta ao MTX foram amplamente estudados em tratamentos contra o cancro (21). Em concentrações extracelulares de MTX inferiores a 20µM, o MTX entra nas células cancerígenas principalmente através do

transportador de folato reduzido (SLC19A1) (22, 23), enquanto o efluxo através da membrana celular é mediado por vários transportadores ABC; as variações nestes genes são mecanismos conhecidos de resistência ao fármaco nas células cancerígenas (24). No interior das células, o MTX é convertido em poliglutamatos de metotrexato activos (MTXPGs) pela folilpoliglutamato sintetase (FPGS), que adiciona resíduos de glutamato ao MTX (25). A principal ação do MTX é a inibição da enzima di-hidrofolato redutase (DHFR), que converte o di-hidrofolato (DHF) em tetra-hidrofolato (THF) (26). O THF é essencial para a síntese de novo de purinas e, na forma biologicamente ativa, 5-metil-THF, é um cofator importante no metabolismo de um carbono. O efeito do MTX depende da função e da expressão de várias outras enzimas da via do folato, incluindo a metilenotetrahidrofolato desidrogenase (MTHFD1),
5,10-metilenotetrahidrofolato redutase (MTHFR) e timidilato sintetase (TYMS). Em comparação com o MTX, os metabolitos activos MTXPGs induzem uma inibição mais forte das enzimas-alvo (*ou seja*, TYMS e DHFR) e inibem ainda mais enzimas-chave, como a GART e a ATIC, na via de síntese de novo das purinas. A inibição pelo MTXPG resulta numa diminuição da metilação das proteínas e do ADN, para além de prejudicar a formação e a reparação do ADN. Os níveis de MTXPG mantêm-se no interior das células durante mais tempo do que os de MTX; a degradação dos MTXPG em MTX depende da atividade da enzima lisossomal GGH, que catalisa a remoção de poliglutamatos (27-29). Os MTXPGs foram investigados em relação aos resultados clínicos na Artrite Reumatoide (AR) e na Artrite Idiopática Juvenil (AIJ). Especificamente, concentrações mais elevadas de MTXPGs de cadeia longa foram associadas a resultados favoráveis na AR (30) e ao risco de toxicidade gastrointestinal e hepática na AIJ (31).
A expressão dos genes e a variação genética em genes candidatos foram estudadas extensivamente em relação a muitas medidas de resposta ao MTX, incluindo a acumulação de MTXPG (GGH, FPGS e SLC19A1) (22, 32, 33), a redução do tamanho do tumor (SLC19A1 e DHFR) (34), a toxicidade (MTHFR e TYMS) (35, 36) e a recidiva (DHFR, TYMS, MTHFR, DHFR e SLC19A1) (37-43). Resultados contraditórios entre estudos sugerem que os efeitos da variação genética são dependentes da terapêutica e reflectem provavelmente a via de administração, a dose e a duração do tratamento com MTX (39, 42). Embora estes estudos tenham contribuído para a nossa compreensão dos efeitos do MTX e dos mecanismos moleculares envolvidos na resistência ao fármaco, ainda não foi avaliada prospectivamente nenhuma variante genética como preditor de resultados num ensaio clínico.
Estudos de todo o genoma associaram genes fora da via do folato à farmacocinética e aos efeitos do MTX; muitos destes genes não foram previamente analisados em estudos que utilizaram a abordagem de candidatos. Um estudo recente analisou a associação entre a acumulação de MTXPG e as variações genéticas, como a expressão genética das células leucémicas, a variação do número de cópias somáticas e os SNP (44). Verificou-se que seis genes no cromossoma 18 (FHOD3, IMPA2, ME2, SLC39A6, SMAD2 e SMAD4) e um no cromossoma 10 (RASSF4) estavam associados à acumulação intracelular *in vivo* de MTXPG em células leucémicas nas três categorias de variação genética. Num outro estudo genómico de doentes com leucemia linfoblástica aguda, verificou-se que a resposta *in vivo* ao MTX estava significativamente associada à expressão de genes na via dos nucleótidos (*por exemplo*, TYMS), mas também a genes envolvidos na proliferação celular e na apoptose, bem como na reparação e replicação do ADN nas células leucémicas (45). Por último, um estudo de associação do genoma que avaliou a ligação entre a variação genómica hereditária e a resposta inicial ao tratamento em doentes com leucemia linfoblástica aguda revelou 14 SNP significativamente associados à resposta ao tratamento e à eliminação do MTX ou à acumulação de MTXPG nas células leucémicas (46); a resposta precoce ao tratamento, avaliada pela erradicação das células leucémicas, está fortemente associada às taxas de cura, pelo que é considerada um fenótipo clínico importante.
Ainda não foram efectuados estudos de associação de todo o genoma em doentes com artrite reumatoide, mas foram examinadas variações hereditárias na maioria dos genes da via do folato em relação à resposta e toxicidade do tratamento com MTX (47, 48). No entanto, para observar um efeito clinicamente relevante das variantes genéticas nas vias do folato, da purina e da pirimidina, parece ser crucial estudar as interacções gene-gene; foi sugerido que os efeitos de SNPs individuais são reforçados quando ocorrem em combinação com outros SNPs comuns nestas vias (15). As

combinações de SNP nos genes ATIC e Recetor de Adenosina 2a (ADORA 2a) foram associadas a concentrações diferenciais de MTXPG na AIJ (31). Pensa-se ainda que o efeito anti-inflamatório do MTX seja mediado pela interação com a via de biossíntese da adenosina (49). Os MTXPGs inibem a enzima ATIC, que, após uma cascata de eventos, leva à acumulação da molécula anti-inflamatória adenosina; verificou-se que os SNPs nos genes da via de biossíntese da adenosina (*ou seja*, ATIC, ITPA e AMPD1) predizem a eficácia do tratamento com MTX da AR e da AIJ (15, 50, 51). Independentemente da doença, parece claro que estudos futuros devem continuar a examinar o efeito combinado de variações em múltiplos genes para caraterizar a extensão dos determinantes genómicos na variação da farmacocinética e farmacodinâmica do MTX.

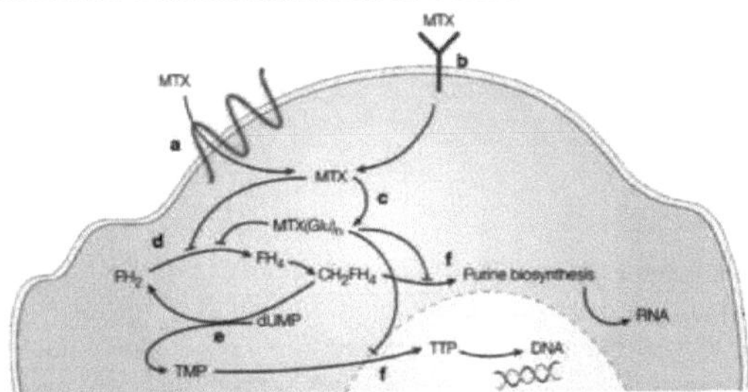

Figura 3. Mecanismo de ação do metotrexato. O metotrexato (MTX) entra na célula através do transportador de folato reduzido (a), utilizando uma via endocítica activada por um recetor de folato (b). Depois de entrar na célula, o metotrexato é poliglutamado (Glu) pela enzima folilpoliglutamato sintase (c). O metotrexato e os seus poliglutamatos inibem a enzima dihidrofolato redutase (d), bloqueando assim a conversão do dihidrofolato (FH2) em tetrahidrofolato (FH4). À medida que as reservas de tetrahidrofolato se esgotam, a síntese de timidilato (TMP) (e) é reduzida, o que acaba por inibir a síntese de ADN (f). Os poliglutamatos de cadeia longa do MTX têm a mesma afinidade que o MTX para a enzima-alvo di-hidrofolato redutase, mas têm efeitos inibitórios nitidamente maiores tanto na síntese de timidilato (e) como na biossíntese de purinas (f), que é necessária para a produção de ARN.

Mecanismo de ação do metotrexato na artrite reumatoide

É provável que os mecanismos de ação do MTX sejam responsáveis pelos seus efeitos antiproliferativos e imunossupressores na AR (Figura 4) (52, 53). Os efeitos putativos do MTX são enumerados a seguir:

1. Redução da proliferação celular,
2. Aumento da apoptose das células T,
3. Aumento da libertação de adenosina endógena,
4. Alteração da expressão de moléculas de adesão celular, e
5. Influência na produção de citocinas, respostas humorais e formação óssea.

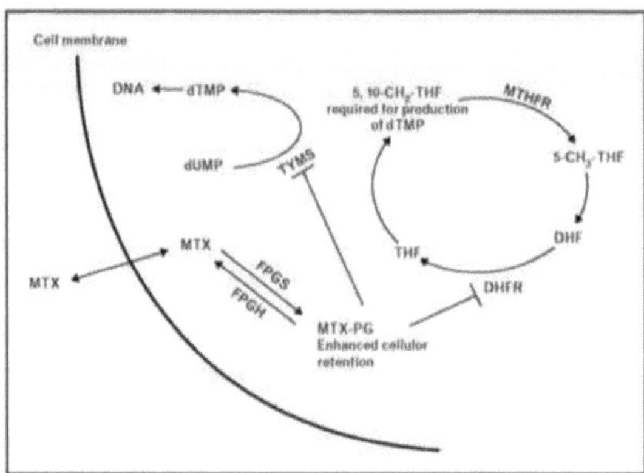

Figura 4. Mecanismos de ação do metotrexato na artrite reumatoide.

Vários relatórios indicam que os efeitos do MTX são influenciados por variantes genéticas, processos dinâmicos específicos e elementos microambientais, como a privação de nucleótidos ou os níveis de glutatião (52).

Num estudo experimental (54) com células mononucleares periféricas derivadas de doentes com AR ativa (n = 28), o MTX induz um predomínio de células T auxiliares (Th2) através de uma secreção aumentada de interleucina (IL)-10 e reduz o perfil Th1 através da diminuição de IL-12R e dos receptores de quimiocinas 3 (CXCR3). Noutro estudo (55), verificou-se que os níveis séricos de IL-7 se correlacionavam com a supressão da doença em doentes com AR inicial tratados com MTX.

Utilização no cancro

O metotrexato está aprovado para ser utilizado sozinho ou com outros medicamentos para tratar:

- **Leucemia linfoblástica aguda** que se espalhou para o sistema nervoso central, ou para evitar que se espalhe para lá.
- **Cancro da mama.**
- **Doença trofoblástica gestacional.**
- **Cancro da cabeça e do pescoço** (determinados tipos).
- **Cancro do pulmão.**
- **Micose fungóide** (um tipo de linfoma cutâneo de células T) que está avançado.
- **Linfoma não-Hodgkin** avançado.
- **Osteossarcoma** que não se espalhou para outras partes do corpo. É utilizado após a cirurgia para remover o tumor primário.

O metotrexato está também a ser estudado no tratamento de outros tipos de cancro.

3. Abraxane (Paclitaxel Formulação de nanopartículas estabilizadas com albumina)

Nome(s) de marca dos EUA: Abraxane

Sinónimo: paclitaxel ligado à albumina

Nanopartículas estabilizadas com albumina

Paclitaxel nabpaclitaxel

nanopartículas de nab-paclitaxel ligadas à albumina

nanopartículas de paclitaxelPaclitaxel

paclitaxel ligado a proteínas

Denominações químicas: Paclitaxel; TAXOL; Paxene; Abraxane; Onxol; Taxol A; Mais...

Fórmula molecular: C47H51NO14

Peso molecular: 853,90614 $gmol^{-1}$

Estrutura química

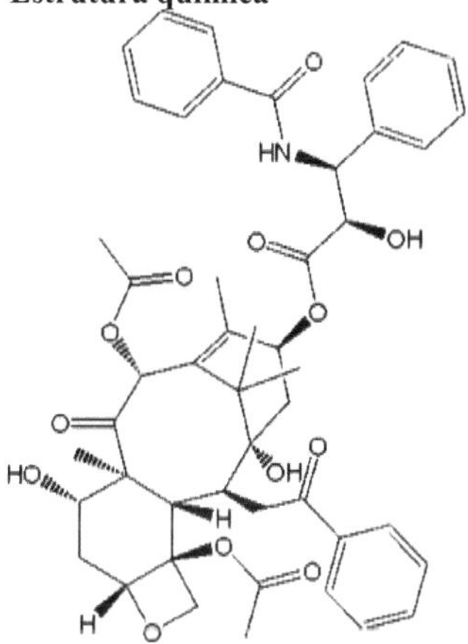

Aprovado pela FDA

Cancro do pâncreas metastático

Em 6 de setembro de 2013, a Food and Drug Administration (FDA) aprovou a formulação de nanopartículas estabilizadas com albumina de paclitaxel (Abraxane® para suspensão injetável, fabricado pela Abraxis BioScience, LLC, uma subsidiária integral da Celgene Corporation), em combinação com gemcitabina para o tratamento de primeira linha de doentes com adenocarcinoma metastático do pâncreas.

A aprovação da formulação de nanopartículas estabilizadas com albumina de paclitaxel para esta indicação baseou-se na demonstração de uma melhoria da sobrevivência global (OS) num ensaio multicêntrico internacional, aberto e aleatório que incluiu 861 doentes com cancro pancreático metastático.

Os doentes foram distribuídos aleatoriamente para receberem a formulação de nanopartículas estabilizadas com albumina de paclitaxel mais gemcitabina (n=431) ou apenas gemcitabina (n=430). A aleatorização foi estratificada por região geográfica (Austrália, Europa Ocidental, Europa de Leste ou América do Norte), estado de desempenho e presença de metástases hepáticas. A principal medida de resultado de eficácia foi a OS; as medidas de resultado adicionais foram a sobrevivência sem progressão (PFS) e a taxa de resposta global (ORR), ambas avaliadas por uma revisão radiológica

cega central independente utilizando RECIST (versão 1.0).
A idade média dos doentes era de 63 anos (intervalo 27-88 anos), com 42% com 65 anos ou mais; 58% eram homens e a classificação de Karnofsky era de 90 ou 100 em 60%. Quase metade (46%) dos doentes tinha três ou mais locais de doença metastática e 84% tinham metástases hepáticas. A lesão primária localizava-se na cabeça do pâncreas em 43 por cento dos doentes, no corpo em 31 por cento e na cauda em 25 por cento dos doentes.
O ensaio demonstrou um prolongamento estatisticamente significativo da OS nos doentes aleatoriamente designados para receber a formulação de nanopartículas estabilizadas com albumina de paclitaxel mais gemcitabina. A mediana da OS foi de 8,5 meses nos doentes tratados com a formulação de nanopartículas estabilizadas com albumina de paclitaxel mais gemcitabina e de 6,7 meses nos doentes tratados apenas com gemcitabina [HR 0,72 (95% CI: 0,62, 0,84); $p < 0,0001$, teste logrank estratificado]. Foi também observada uma melhoria significativa na PFS, com uma PFS mediana de 5,5 meses em doentes tratados com a formulação de nanopartículas estabilizadas com albumina de paclitaxel mais gemcitabina e de 3,7 meses em doentes tratados apenas com gemcitabina [HR 0,69 (95% CI: 0,58, 0,82); $p < 0,0001$, teste log-rank estratificado]. As taxas de resposta objetiva foram de 23% nos doentes tratados com a formulação de nanopartículas estabilizadas com albumina de paclitaxel mais gemcitabina e de 7% nos doentes tratados com gemcitabina ($p<0,0001$, teste do qui-quadrado).
As reacções adversas mais frequentes (incidência de pelo menos 20 por cento), cuja incidência foi pelo menos 5 por cento superior nos doentes que receberam a formulação de nanopartículas estabilizadas com albumina de paclitaxel mais gemcitabina do que nos doentes que receberam apenas gemcitabina, incluíram neutropenia, fadiga, neuropatia periférica, náuseas, alopecia, edema periférico, diarreia, pirexia, vómitos, diminuição do apetite, erupção cutânea e desidratação.
As reacções adversas graves mais frequentes nos doentes que receberam a formulação de nanopartículas estabilizadas com albumina de paclitaxel mais gemcitabina foram pirexia, desidratação, pneumonia e vómitos. A septicemia foi registada em 5% dos doentes que receberam paclitaxel em formulação de nanopartículas estabilizadas com albumina e gemcitabina e a pneumonite foi registada em 4% desses doentes.
A dose e o esquema recomendados para a formulação de nanopartículas estabilizadas com albumina de paclitaxel é de 125 mg/m^2 administrados como uma infusão intravenosa durante 30-40 minutos nos dias 1, 8 e 15 de cada ciclo de 28 dias até à progressão da doença ou até deixar de ser tolerada pelo doente. A gemcitabina é administrada imediatamente após a formulação de nanopartículas estabilizadas com albumina de paclitaxel nos dias 1, 8 e 15 de cada ciclo de 28 dias.

Cancro do pulmão de células não pequenas

Em 11 de outubro de 2012, a Food and Drug Administration (FDA) aprovou partículas de paclitaxel ligadas à proteína para suspensão injetável, ligadas à albumina (Abraxane® fabricado pela Abraxis Bioscience, uma subsidiária integral da Celgene Corporation) para utilização em combinação com carboplatina para o tratamento inicial de doentes com cancro do pulmão de células não pequenas (NSCLC) localmente avançado ou metastático que não são candidatos a cirurgia curativa ou radioterapia.
Esta aprovação para o tratamento de primeira linha de NSCLC localmente avançado ou metastático foi concedida ao abrigo das disposições do 505(b) (2) do Food, Drug, and Cosmetic Act. A FDA baseou-se na aprovação prévia da injeção de Taxol (paclitaxel) para esta indicação, apoiada por um ensaio adicional que estabeleceu que as partículas proteicas de paclitaxel para suspensão injetável, ligadas à albumina, eram pelo menos tão activas (conforme determinado pela taxa de resposta global) como o paclitaxel quando utilizado em combinação com a carboplatina.
O ensaio adicional (Protocolo CA031) foi um ensaio multinacional aberto e aleatório que incluiu 1052 doentes com CPNPC localmente avançado ou metastático. Os doentes foram distribuídos aleatoriamente para receber partículas proteicas de paclitaxel para suspensão injetável, ligadas à albumina, numa dose de 100 mgm^{-2} como uma perfusão intravenosa semanal (n=521) ou injeção de paclitaxel numa dose de 200 mgm^{-2} como uma perfusão intravenosa de 3 em 3 semanas (n=531). Os doentes em ambos os grupos de tratamento também receberam carboplatina na mesma dose e

esquema (AUC 6 mg.min.mL^{-1}) de três em três semanas. Todos os doentes tratados com paclitaxel tiveram de ser pré-medicados com corticosteróides e um anti-histamínico, ao passo que os doentes tratados com as partículas de paclitaxel ligadas à proteína para suspensão injetável, ligadas à albumina, receberam pré-medicação à discrição do investigador.
O objetivo primário de eficácia foi demonstrar que os doentes que receberam partículas proteicas de paclitaxel para suspensão injetável, ligadas à albumina, mais carboplatina tiveram uma taxa de resposta global (ORR) significativamente mais elevada, sem evidência de uma diminuição significativa da sobrevivência global, em comparação com os que receberam paclitaxel mais carboplatina. O desfecho primário da ORR, definido como a percentagem de doentes que obtiveram uma resposta completa ou parcial duradoura, foi determinado por um comité de revisão radiológica que não tinha conhecimento do tratamento atribuído.
O ensaio CA031 cumpriu o seu objetivo primário, demonstrando uma taxa de resposta global estatisticamente mais elevada para os doentes tratados com partículas proteicas de paclitaxel para suspensão injetável, ligadas à albumina, de 33% (IC 95%: 29, 37) em comparação com 25% (IC 95%: 21, 28) para os doentes tratados com paclitaxel (p = 0,005, teste do qui-quadrado). O aumento absoluto na ORR foi de oito por cento (95% CI: 2, 8). A durabilidade das respostas foi semelhante para os doentes que responderam nos dois grupos de tratamento, com durações medianas de resposta de 6,9 meses para os doentes tratados com partículas proteicas de paclitaxel para suspensão injetável, ligadas à albumina e 6,0 meses para os doentes tratados com paclitaxel. Não se registou qualquer diferença estatisticamente significativa na sobrevivência global entre os dois grupos de tratamento.
A segurança foi avaliada em 1038 doentes que receberam pelo menos uma dose do tratamento planeado. As reacções adversas mais comuns (incidência de pelo menos 10%) de grau 1-4 notificadas em doentes tratados com partículas proteicas de paclitaxel para suspensão injetável, ligadas à albumina, incluíram anemia, neutropenia, trombocitopenia e alopecia,
neuropatia periférica, náuseas, fadiga, diminuição do apetite, astenia, obstipação, diarreia, artralgia, vómitos, dispneia, edema periférico, erupção cutânea e mialgia. As reacções adversas de grau 3-4 mais comuns (pelo menos cinco por cento) foram neutropenia, anemia e trombocitopenia.
Ocorreram reacções adversas graves em 18% dos doentes em ambos os grupos de tratamento. As reacções adversas graves mais comuns em doentes tratados com partículas proteicas de paclitaxel para suspensão injetável, ligadas à albumina foram anemia (quatro por cento) e trombocitopenia (três por cento).
A dose e o esquema recomendados para o tratamento inicial de doentes com CPNPC localmente avançado ou metastático são partículas de paclitaxel ligado a proteínas para suspensão injetável, ligado a albumina 100 mg/m^2 , administradas como uma perfusão intravenosa durante 30 minutos nos dias 1, 8 e 15 de cada ciclo de 21 dias. A dose recomendada de carboplatina é AUC = 6 mgmin/mL no dia 1 de cada ciclo de 21 dias após a conclusão da infusão de partículas ligadas à proteína de paclitaxel para suspensão injetável, ligada à albumina.

Cancro da mama

Em 7 de janeiro de 2005, a U.S. Food and Drug
A administração aprovou partículas de paclitaxel ligado a proteínas para suspensão injetável, ligado a albumina (Abraxane™, uma marca registada da American BioScience, Inc.) para o tratamento do cancro da mama após insucesso da quimioterapia combinada para a doença metastática ou recidiva nos seis meses seguintes à quimioterapia adjuvante. O paclitaxel em nanopartículas é também designado por formulação de nanopartículas estabilizadas com albumina de paclitaxel. A terapia anterior deve ter incluído uma antraciclina, a menos que seja clinicamente contra-indicada.
A base de dados clínicos incluiu dois estudos de braço único que envolveram um total de 106 doentes e um ensaio aleatório multicêntrico. O ensaio multicêntrico foi realizado em 460 doentes com cancro da mama metastático, que foram aleatoriamente seleccionados para receber paclitaxel nanoparticulado 260 mg/m2 administrado como uma perfusão de 30 minutos ou paclitaxel 175 mg/m2 administrado durante três horas.
Cinquenta e nove por cento dos doentes tinham recebido um ou mais regimes de quimioterapia anteriores e 77% tinham recebido um regime contendo antraciclinas. A taxa de resposta objetiva

verificada pela revisão central foi de 21,5 por cento (95 por cento CI: 16,2 por cento a 26,7 por cento) para o paclitaxel de nanopartículas em comparação com 11,1 por cento (95 por cento CI: 6,9 por cento a 15,1 por cento) para o paclitaxel (p=0,003).
Os acontecimentos adversos clinicamente importantes (todos os graus) no ensaio aleatorizado que comparou o paclitaxel de nanopartículas com o paclitaxel incluíram neutropenia (80 por cento com paclitaxel de nanopartículas e 82 por cento com paclitaxel), anemia (33 por cento vs. 25 por cento), infecções (24 por cento vs. 20 por cento), reacções de hipersensibilidade (4 por cento vs. 12 por cento), edema (10 por cento vs. 8 por cento), náuseas (30 por cento vs. 10 por cento) e reacções de hipersensibilidade (4 por cento vs. 12 por cento). 20 por cento), reacções de hipersensibilidade (4 por cento vs. 12 por cento), neuropatia sensorial (71 por cento vs. 56 por cento), edema (10 por cento vs. 8 por cento), náuseas (30 por cento vs. 21 por cento), vómitos (18 por cento vs. 9 por cento), diarreia (26 por cento vs. 15 por cento) e mucosite (7 por cento em ambos os braços).
Os acontecimentos adversos graves (grau 3 ou 4) incluíram neutropenia (9% com paclitaxel de nanopartículas e 22% com paclitaxel), mialgia/artralgia (8% vs. 4%) e vómitos (4% vs. 1%). Dez por cento (24 doentes) tratados com paclitaxel de nanopartículas desenvolveram neuropatia periférica de grau 3; 14 destes doentes apresentaram alguma melhoria da neuropatia numa mediana de 22 dias. Dois por cento dos doentes que receberam paclitaxel desenvolveram neuropatia periférica de grau 3.
A dose recomendada de paclitaxel de nanopartículas é de 260 mgm^{-2} administrada por via intravenosa durante 30 minutos de três em três semanas. Não é necessária qualquer pré-medicação para prevenir reacções de hipersensibilidade antes da administração de paclitaxel nanoparticulado.

Advertência sobre medicamentos

Não administrar partículas de paclitaxel ligadas à proteína para suspensão injetável, terapia ligada à albumina a doentes com contagens basais de neutrófilos inferiores a 1500 $células.mm^{-3}$. A fim de monitorizar a ocorrência de supressão da medula óssea, principalmente neutropenia, que pode ser grave e resultar em infeção, recomenda-se a realização de contagens frequentes de células do sangue periférico em todos os doentes a receber paclitaxel protein-bound particles for injectable suspension, albumin-bound. Uma forma de albumina do paclitaxel pode afetar substancialmente as propriedades funcionais de um medicamento em relação às do medicamento em solução. Não substituir ou utilizar outras formulações de paclitaxel.

Utilização no cancro

A formulação de nanopartículas estabilizadas com albumina de paclitaxel está aprovada para ser utilizada isoladamente ou com outros medicamentos para tratamento:

- **Cancro da mama** que recidivou (voltou) ou metastizou (espalhou-se para outras partes do corpo).
- **Cancro do pulmão de células não pequenas** localmente avançado ou com metástases e que não pode ser tratado com cirurgia ou radioterapia. É utilizado com carboplatina.
- **Cancro do pâncreas** com metástases. É utilizado com cloridrato de gemcitabina.

A formulação de nanopartículas estabilizadas com albumina de paclitaxel está também a ser estudada no tratamento de outros tipos de cancro.
A formulação de nanopartículas estabilizadas com albumina de paclitaxel é uma forma de paclitaxel contida em nanopartículas (partículas muito pequenas de proteína). O medicamento é também designado por paclitaxel de nanopartículas e paclitaxel ligado a proteínas. Esta forma pode funcionar melhor do que outras formas de paclitaxel e ter menos efeitos secundários. Para mais informações sobre o paclitaxel que possam aplicar-se à formulação de nanopartículas estabilizadas com albumina de paclitaxel, consulte o Resumo de Informação sobre Medicamentos para Paclitaxel.
Definição do Dicionário de Medicamentos da NCI - Uma formulação de nanopartículas estabilizadas com albumina, sem Cremophor EL, do taxano natural paclitaxel com atividade antineoplásica. O paclitaxel liga-se aos microtúbulos e estabiliza-os, impedindo a sua despolimerização e inibindo assim a motilidade celular, a mitose e a replicação. Esta formulação solubiliza o paclitaxel sem a utilização do solvente Cremophor, permitindo assim a administração de doses maiores de paclitaxel, evitando os efeitos tóxicos associados ao Cremophor.

Farmacologia clínica

Mecanismo de ação

O ABRAXANE é um inibidor de microtúbulos que promove a montagem de microtúbulos a partir de dímeros de tubulina e estabiliza os microtúbulos ao impedir a despolimerização. Esta estabilidade resulta na inibição da reorganização dinâmica normal da rede de microtúbulos, que é essencial para as funções celulares vitais da interfase e da mitose. O paclitaxel induz a formação de arranjos anormais ou "feixes" de microtúbulos ao longo do ciclo celular e múltiplos asters de microtúbulos durante a mitose.

O paclitaxel ligado à albumina (nab-)ABI-007 (Abraxane® ; Abraxis BioScience e AstraZeneca) é uma aplicação de nanovector baseada em EPR para o cancro da mama. Representa uma das estratégias adoptadas para ultrapassar os problemas relacionados com o solvente do paclitaxel e foi recentemente aprovado pela Food and Drug Administration dos EUA para doentes com cancro da mama metastático pré-tratado.

O ABI-007 é uma nova formulação de partículas de 130 nm de paclitaxel, ligada à albumina, isenta de qualquer tipo de solvente (56). É utilizado como uma suspensão coloidal derivada da formulação liofilizada de paclitaxel e albumina de soro humano diluída em solução salina (0,9% NaCl). Em pormenor, a albumina de soro humano estabiliza a partícula do fármaco a um tamanho médio de 130 nm, o que evita qualquer risco de obstrução capilar e não necessita de quaisquer sistemas de infusão específicos ou de pré-medicação com esteróides/anti-histamínicos antes da infusão (57).

Estudos pré-clínicos, realizados em ratos atímicos com cancro da mama humano, demonstraram que o ABI-007 tem uma maior penetração nas células tumorais com uma maior atividade antitumoral, em comparação com uma dose igual de paclitaxel padrão (57, 58).

Um estudo clínico de fase I realizado por Ibrahim em 19 doentes com tumores sólidos e cancro da mama mostrou uma dose máxima tolerada de ABI-007 cerca de 70% superior à da formulação CrEL de paclitaxel (300 mg/m^2 para um regime de 3 em 3 semanas). As toxicidades limitadoras da dose foram a neuropatia sensorial, a estomatite e a toxicidade ocular (queratopatia superficial e visão turva numa dose de 375 mg.m^{-2}). Nenhum paciente apresentou reacções de hipersensibilidade. O ABI-007 foi administrado por via intravenosa sem pré-medicação, em períodos de infusão mais curtos (30 minutos *vs.* 3 horas para o paclitaxel à base de óleo de rícino polioxietilado) e com um dispositivo de infusão padrão. Além disso, os parâmetros farmacocinéticos mostraram uma tendência linear (59).

Um ensaio de fase II confirmou que o ABI-007 tem uma importante atividade antitumoral em doentes com cancro da mama metastático. A taxa de resposta global (a uma dose de 300 mg.m^{-2} de 3 em 3 semanas) foi de 48% para todos os doentes e de 64% para os doentes em terapia de primeira linha. O tempo até à progressão do tumor foi de 26,6 semanas para todos os doentes e de 48,1 semanas para os doentes com respostas tumorais confirmadas; a sobrevivência global mediana foi de 63,6 semanas. Não foram observados eventos oculares graves e outras toxicidades comuns associadas aos taxanos foram menos frequentes e menos graves (*por exemplo*, mielossupressão, neuropatia periférica, náuseas, vómitos, fadiga, artralgia, mialgia, alopecia) (60).

Num grande estudo internacional aleatório de fase III, foram comparadas doses equitóxicas de ABI-007 (260 mg.m^{-2}) e paclitaxel à base de óleo de rícino polioxietilado (175 mg.m^{-2}) em 454 doentes com cancro da mama metastático. O ABI-007 foi superior ao paclitaxel padrão tanto para a taxa de resposta global (33% vs 19%, respetivamente; p = 0,001) como para o tempo até à progressão do tumor (p = 0,006) em todos os subgrupos de doentes, mas principalmente para as que receberam o medicamento como terapêutica de primeira linha (42% *vs* 27%, respetivamente; p = 0,029). Também neste ensaio, a incidência de toxicidades foi significativamente menor no grupo ABI-007 do que no grupo do paclitaxel à base de óleo de rícino polioxietilado; em particular, a neutropenia de grau 4 foi menor (10% *vs.* 21%, respetivamente; p = 0,001) apesar da dose aproximadamente 50% mais elevada. Por outro lado, a neuropatia sensorial de grau 3 foi mais frequente no grupo ABI-007 (10% *vs.* 2%, respetivamente; p = 0,001), mas foi facilmente controlada (61).

Os autores explicaram o aumento da atividade antitumoral do ABI-007 pelas concentrações intratumorais mais elevadas de paclitaxel (tal como referido em estudos pré-clínicos) e pela dose mais elevada administrada (62).

Neymann *et. al.* demonstraram também que a dosagem semanal de ABI-007 é segura e produz efeitos adversos tóxicos mínimos com respostas antitumorais objectivas em doentes previamente expostos ao paclitaxel (62).

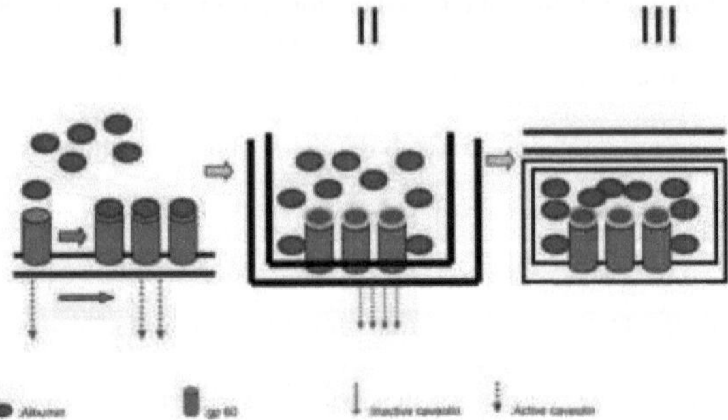

Figura 5. Mecanismo pelo qual o complexo proteína-albumina gp60 induz a internalização de componentes plasmáticos na membrana mediada pela caveolina-1 através do endotélio vascular. Em pormenor, o painel I mostra a ligação entre o recetor de albumina (gp60) e a albumina que recruta e ativa a caveolina-1. No painel II, a caveolina-1 leva à invaginação da membrana e à internalização de moléculas plasmáticas livres ou ligadas a proteínas. Painel III: as cavéolas assim formadas medeiam a transocitose e a deposição extravascular do seu conteúdo.

Farmacocinética

Absorção

A farmacocinética do paclitaxel total após perfusões de 30 e 180 minutos de ABRAXANE a níveis de dose de 80 a 375 mg.m^{-2} foi determinada em estudos clínicos. Os níveis de dose de mg.m^{-2} referem-se a mg de paclitaxel em ABRAXANE. Após a administração intravenosa de ABRAXANE, as concentrações plasmáticas de paclitaxel diminuíram de forma bifásica, representando o declínio inicial rápido a distribuição para o compartimento periférico e a segunda fase mais lenta a eliminação do fármaco. A exposição ao fármaco (AUCs) foi proporcional à dose entre 80 e 300 mg.m^{-2} e a farmacocinética do paclitaxel para ABRAXANE foi independente da duração da administração intravenosa. Os dados farmacocinéticos de 260 mg.m^{-2} ABRAXANE administrados durante uma perfusão de 30 minutos foram comparados com a farmacocinética da injeção de 175 mg.m^{-2} paclitaxel durante uma perfusão de 3 horas. A depuração foi maior (43%) e o volume de distribuição foi mais elevado (53%) para ABRAXANE do que para a injeção de paclitaxel. Não se registaram diferenças nas meias-vidas terminais.

Distribuição

Após a administração de ABRAXANE a doentes com tumores sólidos, o paclitaxel é distribuído uniformemente nas células sanguíneas e no plasma e está altamente ligado às proteínas plasmáticas (94%). Num estudo de comparação entre doentes, a fração de paclitaxel não ligado no plasma foi significativamente mais elevada com ABRAXANE (6,2%) do que com paclitaxel à base de solvente (2,3%). Este facto contribui para uma exposição significativamente mais elevada ao paclitaxel não ligado com ABRAXANE em comparação com o paclitaxel em meio solvente, quando a exposição total é comparável. Estudos in vitro de ligação às proteínas do soro humano, utilizando concentrações de paclitaxel entre 0,1 e 50 µg.mL^{-1} , indicaram que a presença de cimetidina, ranitidina, dexametasona ou difenidramina não afectou a ligação proteica do paclitaxel. O volume total de distribuição é de aproximadamente 1741 L; o grande volume de distribuição indica uma distribuição extravascular extensa e/ou ligação tecidular do paclitaxel.

Metabolismo

Estudos *in vitro* com microssomas hepáticos humanos e fatias de tecido mostraram que o paclitaxel foi metabolizado principalmente em 6α-hidroxipaclitaxel pelo CYP2C8; e em dois metabolitos menores, 3'-p-hidroxipaclitaxel e 6α, 3'-pdi-hidroxipaclitaxel, pelo CYP3A4. In vitro, o metabolismo do paclitaxel a 6α-hidroxipaclitaxel foi inibido por vários agentes (cetoconazol, verapamil, diazepam, quinidina, dexametasona, ciclosporina, teniposido, etoposido e vincristina), mas as concentrações utilizadas excederam as encontradas in vivo após doses terapêuticas normais. A testosterona, o 17α-etinilestradiol, o ácido retinóico e a quercetina, um inibidor específico do CYP2C8, também inibiram a formação de 6α-hidroxipaclitaxel in vitro. A farmacocinética do paclitaxel pode também ser alterada in vivo em resultado de interacções com compostos que são substratos, indutores ou inibidores do CYP2C8 e/ou CYP3A4.

Eliminação

No intervalo de dose clínica de 80 a 300 $mg.m^{-2}$, a depuração total média do paclitaxel varia entre 13 e 30 $L.h^{-1}.m^{-2}$, e a semi-vida terminal média varia entre 13 e 27 horas.

Após uma perfusão de 30 minutos de 260 $mg.m^{-2}$ doses de ABRAXANE, os valores médios da recuperação urinária cumulativa do fármaco inalterado (4%) indicaram uma depuração não renal extensa. Menos de 1% da dose total administrada foi excretada na urina sob a forma dos metabolitos 6α-hidroxipaclitaxel e 3'-p-hidroxipaclitaxel.

A excreção fecal foi de aproximadamente 20% da dose total administrada.

4. ABVD

Medicamentos da associação ABVD:

A	= Cloridrato de doxorrubicina (Adriamicina)
B	= Bleomicina
V	= Sulfato de Vinblastina
D	= Dacarbazina
Sinónimo:	ABVD Regime de adriamicina-bleomicina-vinblastina-dacarbazina bleomicina/dacarbazina/doxorrubicina/vinblastina
Abreviatura:	BLEO/DOX/DTIC/VBL
Nomes químicos:	Cloridrato de doxorrubicina; Adriamicina; Adriacina; Cloridrato de doxorrubicina; Adriblastina
Fórmula molecular:	$C_{27}H_{30}ClNO_{11}$
Peso molecular:	579,9802 $gmol^{-1}$

Nomes químicos:	Bleomicina a2; Bleomicina
Fórmula molecular:	$C_{55}H_{84}N_{17}O_{21}S_3^+$
Peso molecular:	1415,55176 $gmol^{-1}$
Nomes químicos:	Sulfato de vinblastina; monossulfato de VLB; vinblastina 5; sulfato de vincaleucoblastina; Velban (TN); Velbe
Fórmula molecular:	$C_{46}H_{60}N_4O_{13}S$
Peso molecular:	909,0526 $gmol^{-1}$
Nomes químicos:	Dacarbazina; Carboxamida de imidazol; S1221_Selleck
Fórmula molecular:	$C_6H_{10}N_6O$
Peso molecular:	182,1832 $gmol^{-1}$

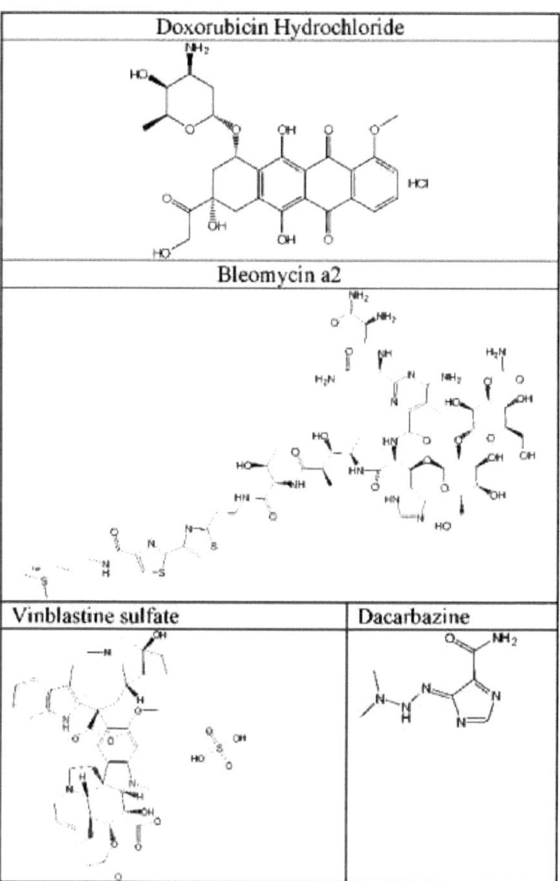
Doxorubicin Hydrochloride
HCl
Bleomycin a2
Vinblastine sulfate
Dacarbazine

A quimioterapia é frequentemente administrada sob a forma de uma combinação de medicamentos. Normalmente, as combinações funcionam melhor do que os medicamentos individuais porque os diferentes medicamentos matam as células cancerígenas de formas diferentes.
Cada um dos medicamentos desta combinação está aprovado pela Food and Drug Administration (FDA) para tratar o cancro ou doenças relacionadas com o cancro.
Utilização no cancro
ABVD é utilizado para tratar:
- **Linfoma de Hodgkin** (Um cancro do sistema imunitário que se caracteriza pela presença de um tipo de célula chamado célula de Reed-Sternberg. Os dois principais tipos de linfoma de Hodgkin são o linfoma de Hodgkin clássico e o linfoma de Hodgkin nodular com predomínio de linfócitos. Os sintomas incluem o aumento indolor dos gânglios linfáticos, do baço ou de outro tecido imunitário. Outros sintomas incluem febre, perda de peso, fadiga ou suores noturnos. Também chamado de doença de Hodgkin).
Esta combinação pode também ser utilizada com outros medicamentos ou tratamentos ou para tratar outros tipos de cancro.
Definição do NCI Drug Dictionary - Um regime de quimioterapia constituído por cloridrato de doxorrubicina (Adriamicina), bleomicina, vinblastina e dacarbazina, utilizado isoladamente ou em combinação com radioterapia, para o tratamento primário do linfoma de Hodgkin.

5. ABVE

Medicamentos da associação ABVE:

A	= Cloridrato de doxorrubicina (Adriamicina)
B	= Bleomicina
V	= Sulfato de Vincristina
E	= Etoposido
Nomes químicos:	Cloridrato de doxorrubicina ; Adriamicina; Adriacina; Cloridrato de doxorrubicina; Adriblastina
Fórmula molecular:	C27H30ClNO11
Peso molecular:	579,9802 $gmol^{-1}$
Nomes químicos:	Bleomicina a2; Bleomicina
Fórmula molecular:	$C55H84N17O21S3^{+}$
Peso molecular:	1415,55176 $gmol^{-1}$

Nomes químicos:	Sulfato de vincristina; Onkovin; Sulfato de VCR; Vincasar PFS; Kyocristine; Vincrisul
Fórmula molecular:	$C46H58N4O14S^{+}$
Peso molecular:	923,03612 $gmol^{-1}$
Nomes químicos:	Etoposido; VePesid; Lastet; Toposar; Trans-Etoposido; VP-16
Fórmula molecular:	C29H32O13
Peso molecular:	588,55658 $gmol^{-1}$

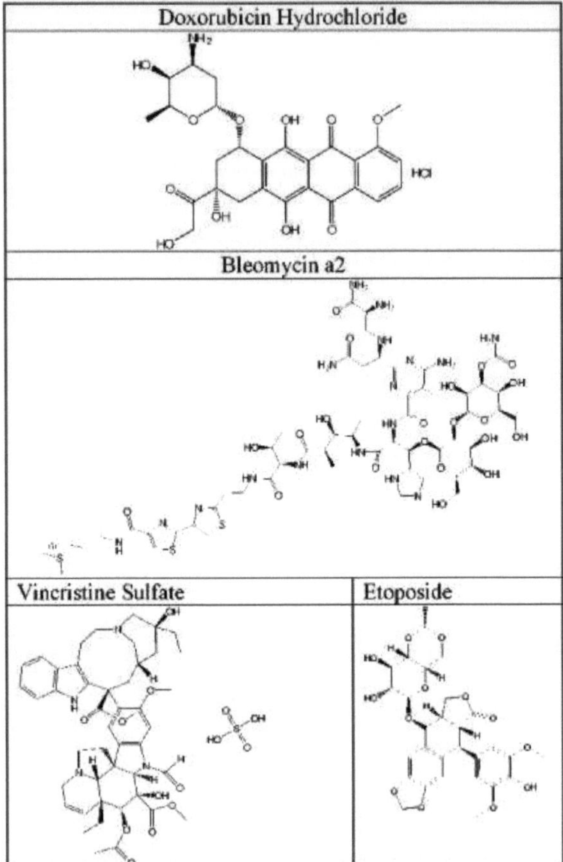

A quimioterapia é frequentemente administrada sob a forma de uma combinação de medicamentos. Normalmente, as combinações funcionam melhor do que os medicamentos individuais porque os diferentes medicamentos matam as células cancerígenas de formas diferentes.

Cada um dos medicamentos desta combinação está aprovado pela Food and Drug Administration (FDA) para tratar o cancro ou doenças relacionadas com o cancro.

Utilização no cancro

ABVE é utilizado para tratar:

- Linfoma de Hodgkin em crianças.

Esta combinação pode também ser utilizada com outros medicamentos ou tratamentos ou para tratar outros tipos de cancro.

6. ABVE-PC

Medicamentos da associação ABVE-PC:

A	=Cloridrato de doxorrubicina (Adriamicina)
B	=Bleomicina
V	=Sulfato de vincristina
E	=Etoposido
P	=Prednisona
C	=Ciclofosfamida

Nomes químicos:	Cloridrato de doxorrubicina; Adriamicina; Adriacina; Cloridrato de doxorrubicina; Adriblastina
Fórmula molecular:	$C_{27}H_{30}ClNO_{11}$
Peso molecular:	579,9802 $gmol^{-1}$
Nomes químicos:	Bleomicina a2; Bleomicina
Fórmula molecular:	$C_{55}H_{84}N_{17}O_{21}S_3^{+}$
Peso molecular:	1415,55176 $gmol^{-1}$
Nomes químicos:	Sulfato de vincristina; Onkovin; Sulfato de VCR; Vincasar PFS; Kyocristine; Vincrisul
Fórmula molecular:	$C_{46}H_{58}N_4O_{14}S^{+}$
Peso molecular:	923,03612 $gmol^{-1}$
Nomes químicos:	Etoposido; VePesid; Lastet; Toposar; Trans-Etoposido; VP-16
Fórmula molecular:	$C_{29}H_{32}O_{13}$
Peso molecular:	588,55658 $gmol^{-1}$
Nomes químicos:	Prednisona; Dehidrocortisona; Deltasona; Meticorten; Decortin; Prednisonum
Fórmula molecular:	$C_{21}H_{26}O_5$
Peso molecular:	358,42814 $gmol^{-1}$
Nomes químicos:	Ciclofosfamida; Ciclofosfamida; Procytox; Neosar; Cytoxan; Endoxan
Fórmula molecular:	$C_7H_{15}Cl_2N_2O_2P$
Peso molecular:	261,085962 $gmol^{-1}$

Doxorubicin Hydrochloride 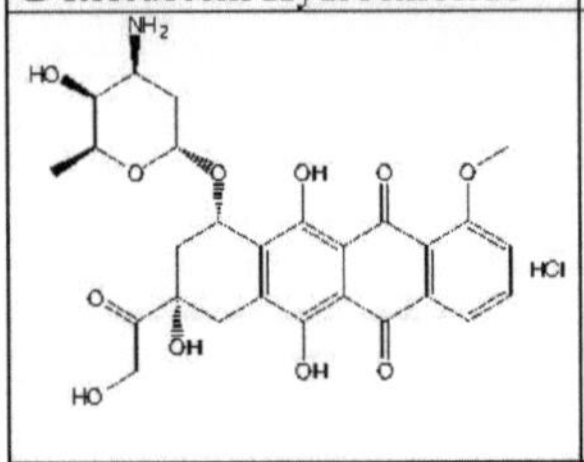	Bleomycin a2 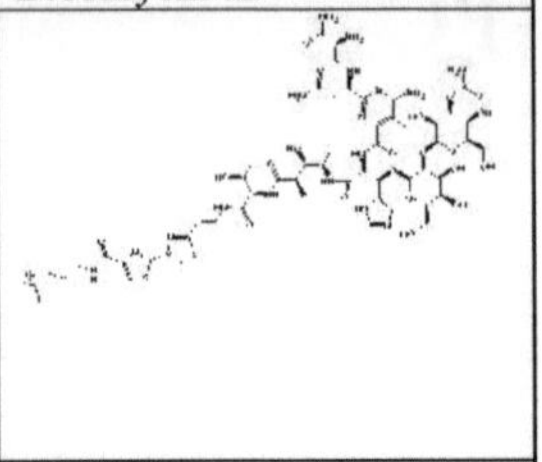
Vincristine Sulfate 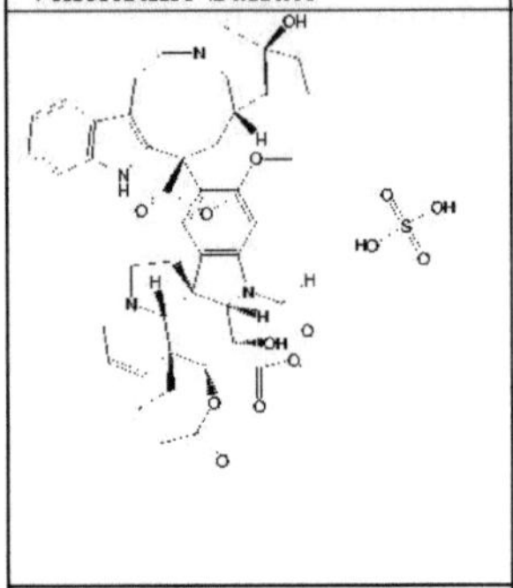	Etoposide 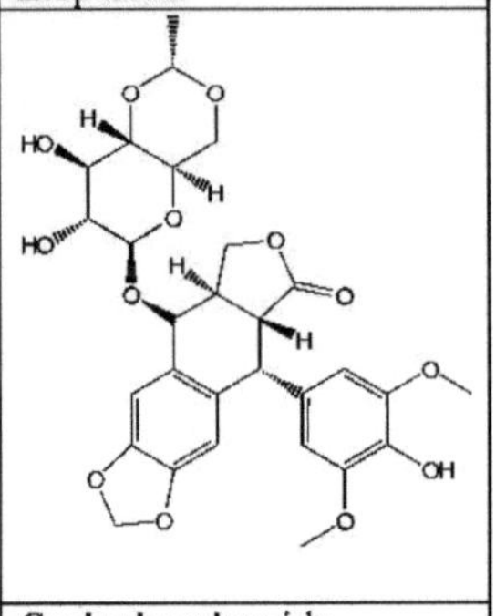
Prednisone 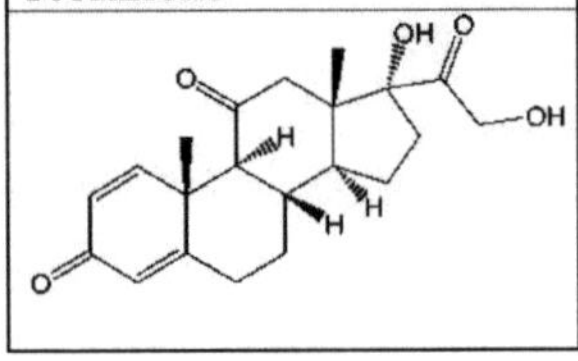	Cyclophosphamide 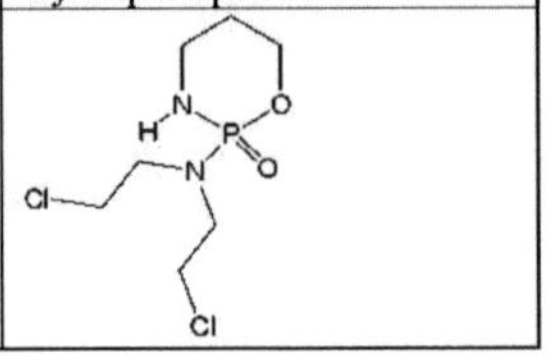

A quimioterapia é frequentemente administrada sob a forma de uma combinação de medicamentos. Normalmente, as combinações funcionam melhor do que os medicamentos individuais porque os diferentes medicamentos matam as células cancerígenas de formas diferentes.

Cada um dos medicamentos desta combinação está aprovado pela Food and Drug Administration (FDA) para tratar o cancro ou doenças relacionadas com o cancro.

Utilização no cancro

ABVE-PC é utilizado para tratar:

- Linfoma de Hodgkin em crianças.

Esta combinação pode também ser utilizada com outros medicamentos ou tratamentos ou para tratar outros tipos de cancro.

7. AC

Medicamentos na combinação AC:

A = Cloridrato de doxorrubicina (Adriamicina)

C = Ciclofosfamida

Nomes químicos: Cloridrato de doxorrubicina; Adriamicina; Adriacina; Cloridrato de doxorrubicina; Adriblastina

Fórmula molecular: C27H30ClNO11

Peso molecular: 579,9802 gmol^{-1}

Ciclofosfamida;

Nomes químicos: Ciclofosfamida; Procytox; Neosar; Cytoxan; Endoxan

Fórmula molecular: C7H15Cl2N2O2P

Peso molecular: 261,085962 gmol^{-1}

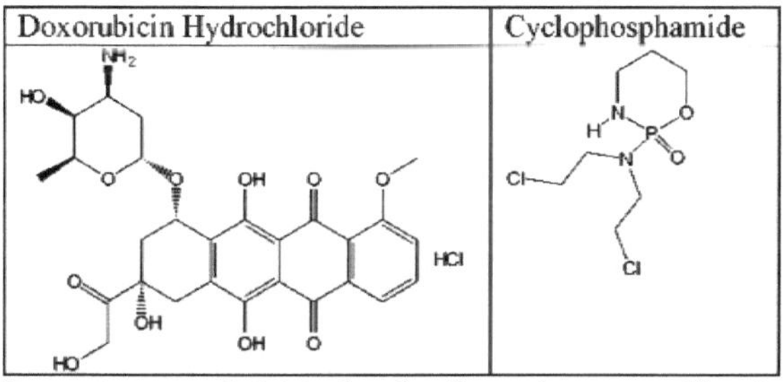

A quimioterapia é frequentemente administrada sob a forma de uma combinação de medicamentos. Normalmente, as combinações funcionam melhor do que os medicamentos individuais porque os diferentes medicamentos matam as células cancerígenas de formas diferentes.

Cada um dos medicamentos desta combinação está aprovado pela Food and Drug Administration (FDA) para tratar o cancro ou doenças relacionadas com o cancro.

Utilização no cancro

AC é utilizado para tratar:

- Cancro da mama.

Esta combinação pode também ser utilizada com outros medicamentos ou tratamentos ou para tratar outros tipos de cancro.

8. AC-T

Medicamentos na combinação AC-T:

A =Cloridrato de doxorrubicina (Adriamicina)
C =Ciclofosfamida
T =Paclitaxel

Nomes químicos: Cloridrato de doxorrubicina; Adriamicina; Adriacina; Cloridrato de doxorrubicina; Adriblastina
Fórmula molecular: $C27H30ClNO11$
Peso molecular: 579,9802 $gmol^{-1}$
Ciclofosfamida;
Nomes químicos: Ciclofosfamida; Procytox; Neosar; Cytoxan; Endoxan
Fórmula molecular: $C7H15Cl2N2O2P$
Peso molecular: 261,085962 $gmol^{-1}$

Denominações químicas: Paclitaxel; TAXOL; Paxene; Abraxane; Onxol; Taxol A $C47H51NO14$
853,90614 $gmol^{-1}$
Fórmula molecular:
Peso molecular:

Estruturas químicas

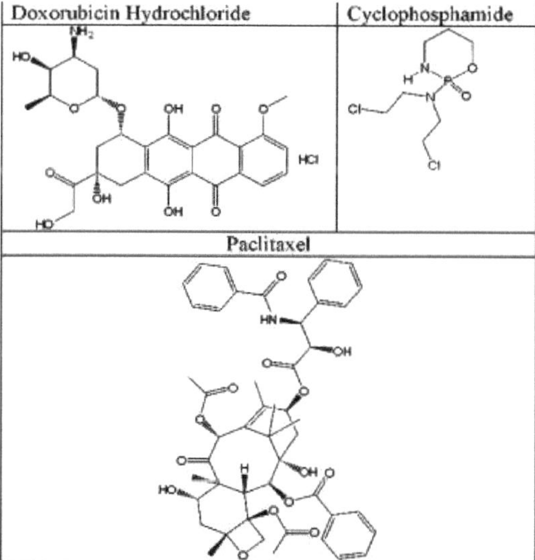

A quimioterapia é frequentemente administrada sob a forma de uma combinação de medicamentos. Normalmente, as combinações funcionam melhor do que os medicamentos individuais porque os diferentes medicamentos matam as células cancerígenas de formas diferentes.

Cada um dos medicamentos desta combinação está aprovado pela Food and Drug Administration (FDA) para tratar o cancro ou doenças relacionadas com o cancro.

Utilização no cancro

AC-T é utilizado para tratar:

- Cancro da mama.

Esta combinação pode também ser utilizada com outros medicamentos ou tratamentos ou para tratar outros tipos de cancro.

9. Adcetris (Brentuximab Vedotin)

Nome(s) de marca dos EUA: Adcetris
Denominações químicas: Cloridrato de Doxorrubicina; Adriamicina; Adriacina;
Cloridrato de doxorrubicina; Adriblastina
Fórmula molecular: C27H30ClNO11
Peso molecular: 579,9802 $gmol^{-1}$
Estruturas químicas

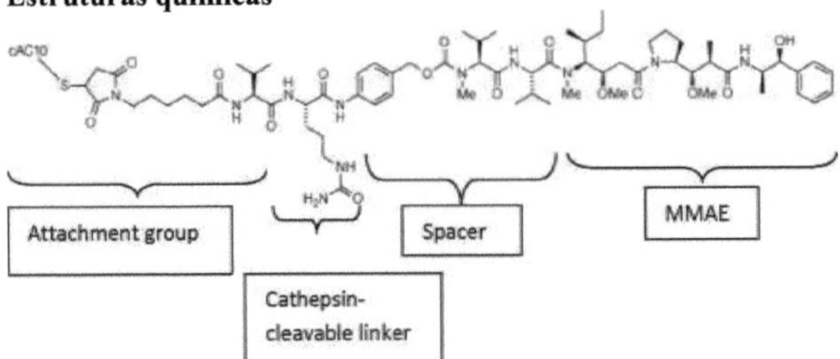

Figura 6. Estrutura do *mAb(*cAC10)-*Val-Cit-PABC-MMAE* (Brentuximab vedotin): Fórmula esquelética do brentuximab vedotina. Três a cinco unidades de MMAE estão ligadas ao anticorpo monoclonal (MAB) brentuximab *através* do espaçador ácido paraaminobenzóico, um ligante clivável por catepsina (Cit=citrulina, Val=valina) e um grupo de ligação constituído por ácido caproico e maleimida.

O brentuximab vedotina (DCI, nome comercial **Adcetris**) é um conjugado anticorpo-fármaco (ADC) dirigido à proteína CD30, que é expressa no linfoma de Hodgkin clássico (LH) e no linfoma anaplásico sistémico de grandes células (sALCL).

Em 28 de fevereiro de 2011, a Seattle Genetics apresentou um pedido de licença biológica (Biologics License Application ou BLA) à Food and Drug Administration (FDA) dos EUA para a utilização de brentuximab vedotin no linfoma de Hodgkin recidivante ou refratário e no linfoma anaplásico sistémico de grandes células recidivante ou refratário.

O medicamento recebeu aprovação acelerada da FDA em 19 de agosto de 2011 para LH recidivante e sALCL recidivante e autorização de comercialização condicional da Agência Europeia de Medicamentos em outubro de 2012 para LH recidivante ou refratário e sALCL recidivante ou refratário.

O brentuximab vedotina consiste no anticorpo monoclonal quimérico brentuximab (cAC10, que tem como alvo a proteína de membrana celular CD30) ligado a um ligante clivável por catepsina (valina-citrulina), espaçador de para-aminobenzilcarbamato com três a cinco unidades do agente antimitótico monometil auristatina E (MMAE, refletido pelo "vedotina" no nome do medicamento). O ligante à base de péptidos liga o anticorpo ao composto citotóxico de uma forma estável, de modo a que o fármaco não seja facilmente libertado do anticorpo em condições fisiológicas, para ajudar a evitar a toxicidade para as células saudáveis e garantir a eficácia da dosagem. A ligação peptídica anticorpo-fármaco facilita a clivagem rápida e eficaz do fármaco no interior da célula tumoral alvo. A parte do anticorpo cAC10 do fármaco liga-se ao CD30, que ocorre frequentemente nas células doentes, mas raramente nos tecidos normais. A parte do anticorpo do fármaco liga-se ao CD30 na superfície das células malignas, libertando MMAE, que é responsável pela atividade antitumoral. Uma vez ligado, o brentuximab vedotina é internalizado por endocitose, sendo assim seletivamente absorvido pelas células-alvo. A vesícula que contém o fármaco funde-se com os lisossomas e as cisteíno-proteases lisossomais, em particular a catepsina B, começam a quebrar o ligante valina-citrulina e o MMAE deixa de estar ligado ao anticorpo e é libertado diretamente no ambiente tumoral.

O ADCETRIS (brentuximab vedotina) é um conjugado anticorpo-fármaco (ADC) dirigido a CD30 que consiste em três componentes: 1) o anticorpo quimérico IgG1 cAC10,
específico para o CD30 humano, 2) o agente desregulador de microtúbulos MMAE, e 3) um ligante que pode ser removido por proteases e que liga covalentemente o MMAE ao cAC10.

Mecanismo de ação

Brentuximab vedotin, liga o anticorpo monoclonal quimérico anti-CD30 (cAC10), derivado da fusão da região pesada e leve variável do anticorpo murino anti-CD30 AC10 com a região *constante gama1-pesada* e *kappa-luz* da imunoglobulina humana, através de um *ligante que pode ser removido por proteases*, a um agente desregulador de microtúbulos, *a monometil auristatina E* (MMAE), um derivado sintético da *dolastatina 10*, um pseudo-péptido citostático natural que foi originalmente isolado do molusco marinho sem concha *Dorabella auricularia.*

O sistema de ligação do brentuximab vedotina, que consiste num *espaçador maleimidocaproil tiolreactivo*, o *ligador dipeptídeo valina-citrulina* e um *espaçador* auto-imolativo p-amino-benziloxicarbonilo ou PABC, foi concebido para ser estável na corrente sanguínea.

Após a ligação ao CD30 na superfície celular, inicia-se a internalização. Após a internalização em células tumorais que expressam CD30, *a auristatina E monometil*, que exerce o seu potente efeito citostático através da inibição da montagem dos microtúbulos, da hidrólise e polimerização do GTP dependente da tubulina, é libertada por clivagem proteolítica.

Por fim, depois de se ligar à tubulina, *a monometil auristatina E* perturba a rede de microtúbulos no interior da célula, o que, por sua vez, induz a paragem do ciclo celular e resulta na morte apoptótica da célula tumoral que expressa CD30.

O Brentuximab vedotina tem um peso molecular aproximado de 153 kDa (149,2-152,8 kDa). Aproximadamente 4 moléculas de *monometil auristatina E* estão ligadas a cada molécula de anticorpo. O medicamento é produzido por conjugação química do anticorpo e de componentes de pequenas moléculas. O anticorpo é produzido por células de ovário de hamster chinês ou células CHO de mamíferos. Os componentes das pequenas moléculas são produzidos por síntese química.

Farmacodinâmica

O Brentuximab vedotin provoca a apoptose das células tumorais, impedindo a progressão do ciclo celular da fase G2 para a fase M, através da rutura da rede citosólica de microestruturas.

Absorção

O Brentuximab vedotina é administrado apenas por perfusão intravenosa, o que resulta numa absorção a 100%.

Ligação de proteínas

A monometil auristatina E tem um intervalo de ligação às proteínas plasmáticas de 68-82%. Os fármacos com elevada ligação proteica não são susceptíveis de a deslocar.

Metabolismo

Apenas uma pequena fração de *monometil auristatina E* ou MMAE é metabolizada principalmente através da oxidação pelo CYP3A4 e CYP3A5.

Via de eliminação

A monometil auristatina E é eliminada nas fezes (72% inalterada) e na urina.

Meia Vida

A semi-vida terminal é de 4-6 dias.

Apuramento

A monometil auristatina E é eliminada pelo fígado, mas não foram efectuados estudos quantitativos.

Toxicidade

A reação tóxica mais grave observada nos doentes é a leucoencefalopatia multifocal progressiva. Outras toxicidades incluem supressão da medula óssea, reacções de perfusão, neuropatia periférica, síndrome de Stevens-Johnson e síndrome de lise tumoral.

Aprovado pela FDA

Aprovação da FDA para Brentuximab Vedotin (2015)

Brentuximab Vedotin Aprovado para o tratamento de consolidação pós-transplante autólogo de células estaminais hematopoiéticas (auto-HSCT) de doentes com linfoma de Hodgkin clássico (LH) com elevado risco de recidiva ou progressão

Em 17 de agosto de 2015, a U. S. Food and Drug

A administração aprovou o brentuximab vedotin (ADCETRIS) para o tratamento de consolidação pós-transplante autólogo de células estaminais hematopoiéticas (auto-HSCT) de doentes com linfoma de Hodgkin clássico (LH) com elevado risco de recidiva ou progressão.

A aprovação baseou-se num ensaio clínico aleatório, em dupla ocultação e controlado por placebo, realizado em 329 doentes com LH clássica com elevado risco de recidiva ou progressão com base em factores pré-transplante. Após um auto-TCTH, os doentes foram aleatorizados (1:1) para brentuximab vedotina ou placebo, uma vez de três em três semanas, durante um máximo de 16 ciclos. A categoria de alto risco foi definida como uma das seguintes, de acordo com o estado após a terapêutica inicial: LH clássico refratário, doença recidivante que ocorreu nos 12 meses seguintes ou doença recidivante com envolvimento extra-nodal. A idade dos doentes variou entre os 18 e os 76 anos (mediana de 32 anos). Os doentes tinham recebido uma mediana de 2 terapêuticas sistémicas prévias (intervalo 2-8), excluindo o auto-HSCT.

O ensaio demonstrou uma melhoria estatisticamente significativa no parâmetro de eficácia primário da sobrevivência livre de progressão (PFS), determinada por um organismo de revisão independente. A mediana da PFS no braço do brentuximab vedotin foi de 42,9 meses em comparação com 24,1 meses no braço do placebo [Hazard Ratio 0,57 (95% CI 0,40, 0,81; p=0,001)]. Na altura da análise da PFS, uma análise provisória da sobrevivência global não demonstrou qualquer diferença. Os doentes no braço do placebo poderiam receber ADCETRIS como parte de um ensaio separado após a progressão da doença.

As reacções adversas mais comuns (superiores ou iguais a 20%) em doentes tratados com brentuximab vedotina, independentemente da causalidade, foram neutropenia, neuropatia sensorial periférica, trombocitopenia, anemia, infeção do trato respiratório superior, fadiga, neuropatia motora periférica, náuseas, tosse e diarreia. Vinte e cinco por cento dos doentes notificaram reacções adversas graves. As reacções adversas graves mais comuns foram pneumonia, pirexia, vómitos, náuseas, hepatotoxicidade e neuropatia sensorial periférica.

Dos doentes tratados com brentuximab vedotina, foram notificadas reacções relacionadas com a infusão em 25 doentes (15%) e toxicidade pulmonar em 8 doentes (5%). Foi notificada qualquer grau de neuropatia em 67% dos doentes. Dos doentes que notificaram neuropatia, 59% tiveram uma resolução completa e 41% tiveram neuropatia residual. As reacções adversas que levaram a atrasos na dose em mais de 5% dos doentes foram neutropenia, neuropatia sensorial periférica, infeção do trato respiratório superior e neuropatia motora periférica. As reacções adversas levaram à interrupção do tratamento em 32%. As reacções adversas que levaram à interrupção do tratamento em 2 ou mais doentes foram neuropatia sensorial periférica, neuropatia motora periférica, síndrome de dificuldade respiratória aguda, parestesia e vómitos.

A dose e o esquema recomendados para o brentuximab vedotina como consolidação pós-auto-TCTH é de 1,8 $mg.kg^{-1}$ administrado por via intravenosa durante 30 minutos de 3 em 3 semanas. O tratamento deve ser iniciado no prazo de 4-6 semanas após o auto-THC ou após a recuperação do transplante. O doente deve continuar o tratamento até um máximo de 16 ciclos, progressão da doença ou toxicidade inaceitável.

Utilização no cancro

Brentuximab vedotin está aprovado para o tratamento:

- **Linfoma anaplásico de grandes células** que é sistémico (afecta todo o corpo). É utilizado em doentes que não melhoraram com a quimioterapia combinada.
- **Linfoma de Hodgkin.**

o É utilizado após um transplante autólogo de células estaminais (ASCT) em doentes que apresentam um risco elevado de recorrência (regresso) ou agravamento do cancro.

o É utilizado em doentes que não melhoraram com um ASCT. Também é utilizado em doentes que não melhoraram com a quimioterapia combinada e que não podem receber um ASCT.

O brentuximab vedotina está também a ser estudado no tratamento de outros tipos de linfoma.

Mais informações sobre Brentuximab Vedotin

Definição do NCI Drug Dictionary - Um conjugado anticorpo-fármaco (ADC) dirigido contra o recetor CD30 do fator de necrose tumoral (TNF) com potencial atividade antineoplásica. O brentuximab vedotina é gerado pela conjugação do anticorpo monoclonal anti-CD30 humanizado SGN-30 com o agente citotóxico monometil auristatina E (MMAE) através de um ligante peptídico valina-citrulina. Após administração e internalização por células tumorais CD30-positivas, o brentuximab vedotina sofre clivagem enzimática, libertando MMAE no citosol; o MMAE liga-se à tubulina e inibe a polimerização da tubulina, o que pode resultar na paragem da fase G2/M e na apoptose das células tumorais. Ativado transitoriamente durante a ativação dos linfócitos, o CD30 (recetor do fator de necrose tumoral superfamília, membro 8, TNFRSF8) pode ser expresso constitutivamente em doenças malignas hematológicas, incluindo o linfoma de Hodgkin e alguns linfomas não Hodgkin de células T. O sistema de ligação do brentuximab vedotina é altamente estável no plasma, resultando numa especificidade citotóxica para as células CD30-positivas.

10. ADE

Medicamentos na combinação ADE:
A=Citarabina (Ara-C)
C =Cloridrato de daunorrubicina
T =Etoposido

Nomes químicos: Citarabina; 147-94-4; Ara-C; Citosina arabinosídeo; Arabinosilcitosina; Arabinocitidina
Fórmula molecular: $C_9H_{13}N_3O_5$
Peso molecular: 243,21662 $gmol^{-1}$
Nomes químicos: DAUNORUBICINA HCL; CLORIDRATO DE DAUNORRUBICINA; Cloridrato de daunorubicinol; Cerubidina; Daunoblastina
Fórmula molecular: $C_{27}H_{30}ClNO_{10}$
Peso molecular: 563,9808 $gmol^{-1}$

Denominações químicas: Cloridrato de Doxorrubicina; Adriamicina; Adriacina;
Cloridrato de doxorrubicina; Adriblastina
Fórmula molecular: $C_{27}H_{30}ClNO_{11}$
Peso molecular: 579,9802 $gmol^{-1}$

Estruturas químicas

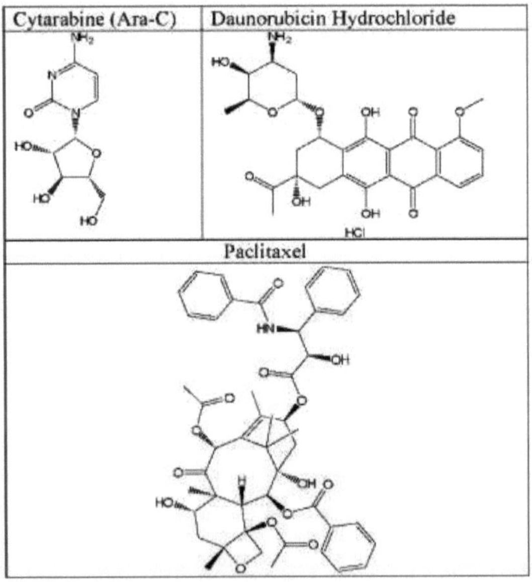

Cytarabine (Ara-C)	Daunorubicin Hydrochloride
Paclitaxel	

Farmacologia e bioquímica da citarabina

Farmacologia

A citarabina é um anti-metabolito antineoplásico utilizado no tratamento de várias formas de leucemia, incluindo a leucemia mielogénica aguda e a leucemia meníngea. Os antimetabolitos disfarçam-se de purina ou pirimidina - que se tornam os blocos de construção do ADN. Impedem que estas substâncias sejam incorporadas no ADN durante a fase "S" (do ciclo celular), interrompendo o desenvolvimento e a divisão normais. A citarabina é metabolizada intracelularmente na sua forma ativa de trifosfato (trifosfato de citosina arabinosídeo). Este metabolito danifica então o ADN através de múltiplos mecanismos, incluindo a inibição da alfa-ADN polimerase, a inibição da reparação do ADN através de um efeito na beta-ADN polimerase e a incorporação no ADN. Este último mecanismo é provavelmente o mais importante. A citotoxicidade é altamente específica para a fase S do ciclo celular.

O Arabinosídeo de Citosina é um antimetabolito análogo da citidina com uma porção de açúcar modificada (arabinose em vez de ribose). A citarabina é convertida na forma de trifosfato no interior da célula e compete com a citidina pela incorporação no ADN. Como o açúcar arabinose impede estericamente a rotação da molécula no ADN, a replicação do ADN pára, especificamente durante a fase S do ciclo celular. Este agente também inibe a ADN polimerase, resultando numa diminuição da replicação e reparação do ADN.

A daunomicina é o sal de cloridrato de um antibiótico antineoplásico antraciclina com efeitos terapêuticos semelhantes aos da doxorrubicina. A daunorrubicina exibe atividade citotóxica através da interação com o ADN mediada pela topoisomerase, inibindo assim a replicação e a reparação do ADN e a síntese de ARN e de proteínas.

Classificação farmacológica MeSH do cloridrato de daunorrubicina

Antibióticos, Antineoplásicos

Substâncias químicas, produzidas por microorganismos, que inibem ou impedem a proliferação de neoplasias.

Inibidores da Topoisomerase II

Compostos que inibem a atividade da Topoisomerase II do ADN. Incluem-se nesta categoria uma variedade de agentes antineoplásicos que têm como alvo a forma eucariótica da topoisomerase II e agentes antibacterianos que têm como alvo a forma procariótica da topoisomerase II.

Mecanismo de ação da citarabina

A citarabina é convertida intracelularmente no nucleótido trifosfato de citarabina (ara-CTP, trifosfato de citosina arabinosídeo). Embora o(s) mecanismo(s) exato(s) de ação da citarabina não tenha(m) sido completamente elucidado(s), o trifosfato de citarabina parece inibir a ADN polimerase ao competir com o substrato fisiológico, o trifosfato de desoxicitidina, resultando na inibição da síntese de ADN. Embora limitada, a incorporação do trifosfato de citarabina no ADN e no ARN pode também contribuir para os efeitos citotóxicos do fármaco.

McEvoy, G.K. (ed.). Serviço de Formulário Hospitalar Americano. AHFS Drug Information. Sociedade Americana de
Farmacêuticos do Sistema de Saúde, Bethesda, MD. 2007., p. 993

A citarabina é um imunossupressor potente que pode suprimir as respostas imunitárias humorais e/ou celulares; no entanto, o fármaco não diminui os títulos de anticorpos pré-existentes e não tem qualquer efeito nas reacções de hipersensibilidade retardada estabelecidas (63).

A injeção de lipossomas de citarabina é uma formulação de libertação sustentada do ingrediente ativo citarabina concebida para administração direta no líquido cefalorraquidiano (LCR). A citarabina é um agente antineoplásico específico da fase do ciclo celular, que afecta as células apenas durante a fase S da divisão celular. Intracelularmente, a citarabina é convertida em citarabina-5'-trifosfato (ara-CTP), que é o metabolito ativo. O mecanismo de ação não é completamente compreendido, mas parece que a ara-CTP actua principalmente através da inibição da ADN polimerase. A incorporação no ADN e no ARN pode também contribuir para a citotoxicidade da citarabina. A citarabina é citotóxica para uma grande variedade de células de mamíferos em proliferação em cultura (injeção de lipossomas de citarabina) (64).

A citarabina actua através de danos directos no ADN e da sua incorporação no ADN. A citarabina é citotóxica para uma grande variedade de células de mamíferos em proliferação em cultura. Apresenta uma especificidade de fase celular, matando principalmente as células em fase de síntese de ADN (fase S) e, em determinadas condições, bloqueando a progressão das células da fase G1 para a fase S. Embora o mecanismo de ação não seja completamente compreendido, parece que a citarabina actua através da inibição da ADN polimerase. Foi também registada uma incorporação limitada, mas significativa, da citarabina no ADN e no ARN.

Utilização no cancro

ADE é utilizado para tratar:

- **Leucemia mieloide aguda** em crianças.

Esta combinação pode também ser utilizada com outros medicamentos ou tratamentos ou para tratar outros tipos de cancro.

11. Ado-Trastuzumab Emtansine

Nome(s) de marca dos EUA: Kadcyla

Outros nomes: Ado-trastuzumab
Ado-trastuzumab emtansine
T-DM1
Trastuzumab emtansina
Trastuzumab-DM1
Trastuzumab-MCC-DM1

Estrutura química:

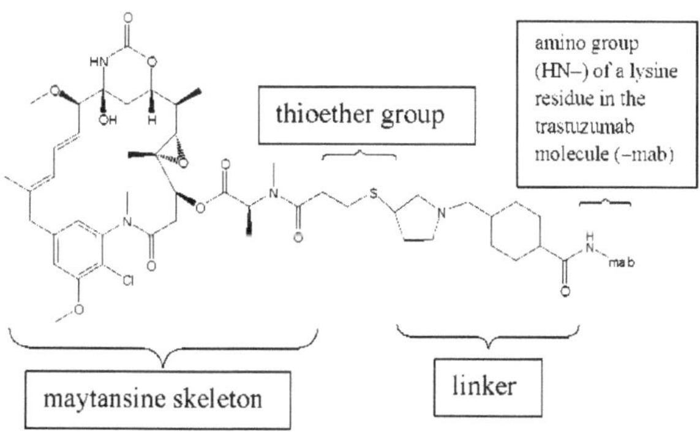

Figura 7. Uma representação do trastuzumab

A sobreexpressão e amplificação do recetor-2 do fator de crescimento epidérmico humano (HER2, ErbB2) está presente em 15 a 20% dos cancros da mama humanos primários (65). No passado, as doentes com cancro da mama HER2-positivo tinham geralmente um desfecho desfavorável (66), mas esta situação mudou radicalmente após a descoberta do trastuzumab, um anticorpo monoclonal humanizado recombinante que se liga ao subdomínio extracelular IV do HER2. O trastuzumab demonstrou uma eficácia antitumoral substancial em ensaios pré-clínicos e clínicos (67, 68), e a sua introdução no tratamento do cancro da mama HER2 positivo pode ser considerada um marco na oncologia médica (68, 69). No entanto, a resistência ao trastuzumab acaba por surgir na grande maioria das doentes tratadas (70).

Desde a introdução do trastuzumab, em 1998, foram avaliados em ensaios clínicos vários outros agentes que têm como alvo o HER2. Verificou-se que o lapatinib, um inibidor de pequenas moléculas das tirosina-quinases HER1 e HER2 administrado por via oral, era superior em combinação com a capecitabina em comparação com a capecitabina isolada no tratamento do cancro da mama metastático (CMM) que tinha progredido após a terapêutica com trastuzumab (71). Tal como acontece com o trastuzumab, a resistência ao lapatinib desenvolve-se frequentemente entre os doentes que respondem inicialmente (72). Recentemente, verificou-se que o pertuzumab, um anticorpo monoclonal humanizado recombinante que se liga ao subdomínio II da porção extracelular do HER2 e inibe a dimerização do recetor, é mais eficaz em combinação com o trastuzumab e o docetaxel do que com placebo, trastuzumab e docetaxel como tratamento de primeira linha do CMM HER2-positivo (73).

Apesar destas novas opções terapêuticas, o CMB HER2-positivo continua a ser uma doença incurável. Nesta revisão, discutimos os mecanismos de ação do trastuzumab emtansine (T-DM1), um novo agente que desafiou, em termos de eficácia e segurança, todas as terapêuticas sistémicas existentes para o CMB HER2-positivo, bem como os mecanismos de resistência ao mesmo. O T-

DM1 é um excelente exemplo de um princípio sugerido já na década de 1970, que consiste em utilizar anticorpos como transportadores de fármacos para alvos altamente específicos (74).

Os conjugados anticorpo-fármaco (ADC) são um meio de administrar medicamentos citotóxicos especificamente às células cancerígenas. A administração é seguida da internalização do ADC e da libertação de agentes citotóxicos livres e altamente activos no interior das células cancerosas, conduzindo eventualmente à morte celular. Os componentes de um ADC eficaz consistem normalmente em: (i) um anticorpo monoclonal humanizado ou humano que liberta um agente citotóxico de forma selectiva e específica nas células cancerosas, provocando a endocitose mediada pelo recetor; (ii) um agente citotóxico que mata a célula; e (iii) um ligante que liga o agente citotóxico ao anticorpo.

O primeiro ADC que tem como alvo o recetor HER2 é o T-DM1 (ado- trastuzumab emtansine; T-MCC-DM1; Kadcyla®), que é um conjugado de trastuzumab e uma porção citotóxica (DM1, derivado da maytansine). O T-DM1 contém uma média de 3,5 moléculas de DM1 por cada molécula de trastuzumab. Cada molécula de DM1 é conjugada ao trastuzumab através de um ligante tioéter não redutível (*N*- succinimidil-4-(*N-maleimidometil*) ciclohexano-1-carboxilato; SMCC, MCC após conjugação) (75).

Mecanismos de ação do T-DM1

A ligação do T-DM1 ao HER2 desencadeia a entrada do complexo HER2-T-DM1 na célula através da endocitose mediada pelo recetor (76, 77). Uma vez que o ligante não redutível é estável tanto na circulação como no microambiente tumoral, a libertação do DM1 ativo ocorre apenas como resultado da degradação proteolítica da parte do anticorpo do T-DM1 no lisossoma (75, 78). Após a libertação do lisossoma, os metabolitos que contêm DM1 inibem a montagem dos microtúbulos, causando eventualmente a morte celular (79) (Figura 8).

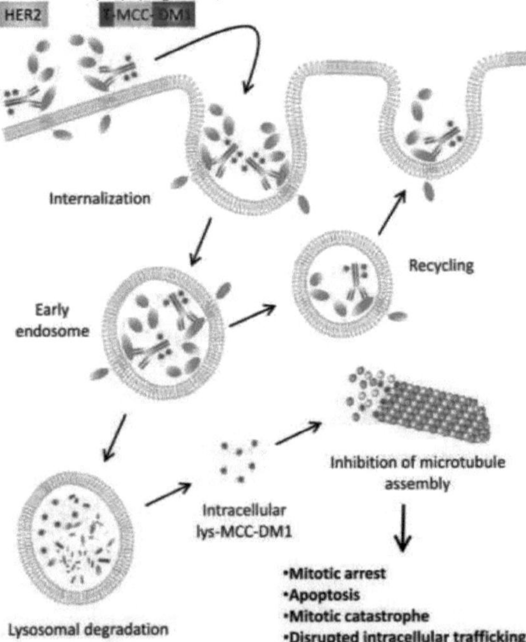

Figura 8. Tráfego intracelular do trastuzumab emtansine (T-DM1). A ligação do T-DM1 ao recetor-2 do fator de crescimento epidérmico humano (HER2) na membrana plasmática é seguida pela entrada do complexo HER2-T-DM1 na célula através da endocitose mediada pelo recetor. As vesículas endocíticas internalizadas formam os endossomas primitivos. A carga dos endossomas

primitivos pode ser reciclada de volta para a membrana celular ou
o endossoma inicial pode amadurecer e transformar-se num lisossoma. A libertação de DM1 ocorre como resultado da degradação proteolítica da parte do anticorpo T-DM1 nos lisossomas. A lisina (lys)-MCC-DM1 intracelular inibe a montagem dos microtúbulos, causando paragem mitótica, apoptose, catástrofe mitótica e perturbação do tráfico intracelular. MCC, ligação de tioéter não redutível.

A ligação do DM1 ao trastuzumab não afecta a afinidade de ligação do trastuzumab ao HER2 (80, 81), nem reduz os efeitos antitumorais inerentes ao trastuzumab (80, 82). Por conseguinte, o T-DM1 possui mecanismos de ação que consistem nos efeitos antitumorais relacionados com o trastuzumab e nos associados aos metabolitos intracelulares do DM1.

Tanto o trastuzumab como o T-DM1 inibem a sinalização do recetor HER2, medeiam a citotoxicidade mediada por células dependente de anticorpos e inibem a libertação do domínio extracelular do HER2 (80, 82). Embora os efeitos antitumorais do DM1 sejam mais pronunciados do que os do trastuzumab (80), os efeitos mediados pelo trastuzumab não devem ser subestimados e podem ser particularmente importantes quando as células-alvo não sofrem a morte apoptótica rápida causada pelo DM1. Esta situação pode ser frequente na clínica, onde a terapêutica com trastuzumab do CMM dura frequentemente vários meses ou anos, e a continuação da terapêutica com trastuzumab após a progressão do cancro da mama com terapêutica sistémica contendo trastuzumab pode ainda ser benéfica.

Efeitos mediados por DM1

Foram sugeridos pelo menos quatro mecanismos moleculares para a atividade antitumoral do DM1. Em primeiro lugar, os metabolitos activos do DM1 perturbam as redes de microtúbulos das células alvo, o que
causa paragem do ciclo celular na fase G2-M e morte celular apoptótica (75, 82). Em segundo lugar, o tratamento prolongado de xenoenxertos de cancro da mama com T-DM1 causou tanto apoptose como catástrofe mitótica, sendo esta última identificada como a presença de células com figuras mitóticas aberrantes e uma estrutura multinucleada gigante (Figura 8) (82). Em terceiro lugar, pode ocorrer uma perturbação do tráfico intracelular mediado pela rede de microtúbulos. Os agentes que visam os microtúbulos perturbam frequentemente o tráfico intracelular através dos microtúbulos (85, 86), e
O tratamento prolongado com T-DM1, mas não com trastuzumab, provocou um tráfico intracelular defeituoso de HER2 num modelo pré-clínico de cancro da mama (82). A deficiência do tráfico intracelular pode ser um importante mecanismo de ação do T-DM1, particularmente em células que não se dividem. Por último, como discutimos mais adiante, o DM1 intracelular livre pode levar à morte celular de uma forma dependente da concentração.

O Trastuzumab emtansine, anteriormente designado Trastuzumab-DM1 (T-DM1) é um conjugado anticorpo-fármaco (ADC) HER2 de primeira classe, constituído pelo anticorpo trastuzumab da Genentech associado ao agente de destruição celular DM1 da ImmunoGen. O T-DM1 combina duas estratégias - a atividade anti-HER2 e a administração intracelular direccionada do potente agente antimicrotúbulo, DM1 (um derivado da maytansina) - para produzir a paragem do ciclo celular e a apoptose. O Trastuzumab emtansine é comercializado sob a marca Kadcyla e é indicado para utilização em doentes com cancro da mama HER2-positivo, metastático, que já tenham utilizado taxano e/ou trastuzumab para a doença metastática ou que tenham tido recidiva do cancro nos 6 meses seguintes ao tratamento adjuvante. O rótulo da FDA tem duas precauções. A primeira é que o trastuzumab emtansine e o trastuzumab não podem ser trocados. Em segundo lugar, existe um aviso de caixa negra sobre efeitos secundários graves, como hepatotoxicidade, toxicidade embrionária-fetal e toxicidade cardíaca.

Farmacologia

Farmacodinâmica

O Trastuzumab emtansine foi avaliado em dois modelos de tumores da mama sensíveis à Herceptina e num modelo resistente à Herceptina. Nos modelos sensíveis à Herceptina, o Trastuzumab-DM1 provocou a regressão completa do tumor em todos os ratinhos, enquanto que a Herceptina isolada abrandou o crescimento do tumor. No modelo resistente à Herceptina, a Herceptina isolada não teve qualquer efeito no crescimento do tumor. Em contrapartida, o Trastuzumab-DM1 provocou uma redução >90% do tumor em todos os ratinhos. Neste modelo resistente à Herceptina, observou-se um novo crescimento do tumor após a interrupção do tratamento com Trastuzumab-DM1, mas a regressão voltou a ocorrer quando a dose foi retomada. O efeito foi específico para tumores HER2-positivos. Assim, os efeitos fisiológicos do trastuzumab emtansine são a paragem do ciclo celular e a morte celular por apoptose.

Mecanismo de ação

O Trastuzumab emtansine é um conjugado anticorpo-fármaco HER2. A parte do anticorpo é o trastuzumab, que é IgG1 anti-HER2 humanizado, e produzido em células de ovário de hamster chinês de mamíferos. A porção do fármaco é o DM1, um derivado da maytansina que inibe os microtúbulos. Estas duas porções estão ligadas covalentemente por 4-[N-maleimidometil] ciclohexano-1-carboxilato (MCC), que é um ligante tioéter estável. Em conjunto, o MCC e o DM1 são designados por emtansina e são produzidos por síntese química. O Trastuzumab emtansina liga-se ao subdomínio IV do recetor HER2 e entra na célula por endocitose mediada pelo recetor. Os lisossomas degradam o trastuzumab emtansine e libertam DM1. O DM1 liga-se à tubulina nos microtúbulos e inibe a função dos microtúbulos, produzindo paragem celular e apoptose. Além disso, à semelhança do trastuzumab, estudos in vitro demonstraram que tanto a inibição da sinalização do recetor HER2 como a citotoxicidade dependente de anticorpos são mediadas pelo trastuzumab emtansine.

Aprovado pela FDA

Aprovação da FDA para Ado-Trastuzumab Emtansine

Em 22 de fevereiro de 2013, a Food and Drug Administration (FDA) aprovou o ado-trastuzumab emtansine (Kadcyla™, fabricado pela Genentech, Inc.), para utilização como agente único no tratamento de doentes com cancro da mama HER2-positivo, metastático, que tenham recebido previamente tratamento com trastuzumab e um taxano, separadamente ou em combinação. As doentes devem ter sido tratadas para a doença metastática ou ter desenvolvido recidiva da doença durante ou nos seis meses seguintes à conclusão da terapêutica adjuvante.

A aprovação baseou-se num ensaio aleatório, multicêntrico e aberto que envolveu 991 doentes com cancro da mama metastático HER2-positivo. As pacientes do ensaio devem ter recebido terapia com um taxano e trastuzumab antes da inscrição. As doentes que receberam estas terapias apenas no contexto adjuvante devem ter registado uma recorrência da doença durante ou nos seis meses seguintes à conclusão desta terapia. As pacientes do ensaio tinham de ter amostras de tumor da mama que apresentassem sobreexpressão de HER2, definida como 3+ por imunohistoquímica ou um rácio de amplificação de hibridação fluorescente *in situ* de pelo menos 2,0, conforme determinado num laboratório central.

Os doentes foram distribuídos aleatoriamente (proporção de 1:1) para receber ado-trastuzumab emtansine por perfusão intravenosa, 3,6 $mg.kg^{-1}$, no dia 1 de 21 em 21 dias, ou lapatinib, 1250 mg por dia por via oral uma vez por dia durante 21 dias, mais capecitabina, 1000 $mg.m^{-2}$ por via oral duas vezes por dia durante 14 dias. O tratamento continuou até à progressão da doença, toxicidade inaceitável ou retirada do consentimento do doente.

Os parâmetros de eficácia co-primários foram a sobrevivência sem progressão (PFS), que se baseou em avaliações da resposta do tumor por um comité de revisão independente, e a sobrevivência global (OS). As doentes que receberam ado- trastuzumab emtansine viveram estatisticamente mais tempo sem agravamento da doença (PFS) em comparação com as que receberam lapatinib mais capecitabina [HR de progressão 0,65 (95% CI: 0,55, 0,77), $p < 0,0001$]. A PFS mediana foi de 9,6 meses para pacientes que receberam ado-trastuzumabe emtansina e 6,4 meses para pacientes que receberam lapatinibe mais capecitabina. Aquando da segunda análise provisória da OS, os doentes que

receberam ado- trastuzumab emtansine tiveram uma melhoria estatisticamente significativa na OS em comparação com os doentes que receberam lapatinib e capecitibina [HR de morte 0,68 (95% CI: 0,55, 0,85), p = 0,0006]. A mediana da OS foi de 30,9 meses para os doentes que receberam ado-trastuzumab emtansine e de 25,1 meses para os doentes que receberam lapatinib mais capecitabina.
As reacções adversas mais comuns (pelo menos 25%) observadas em doentes a receber ado-trastuzumab emtansine foram fadiga, náuseas, dores músculo-esqueléticas, trombocitopenia, dores de cabeça, níveis elevados de transaminases e obstipação. Os acontecimentos adversos mais comuns que levaram à retirada do ado-trastuzumab emtansine foram trombocitopenia e níveis elevados de transaminases. As reacções adversas de grau 3-4 mais comuns (pelo menos 2%) foram trombocitopenia, níveis elevados de transaminases, anemia, hipocalemia, neuropatia periférica e fadiga. Foram notificados distúrbios hepatobiliares graves, incluindo pelo menos dois casos fatais de lesão hepática grave induzida pelo medicamento e encefalopatia hepática associada, em ensaios clínicos com ado-trastuzumab emtansine. Outras reacções adversas clinicamente significativas incluem disfunção ventricular esquerda, doença pulmonar intersticial e reacções associadas à perfusão.
O Kadcyla™ foi aprovado com um AVISO DE CAIXA na rotulagem do produto, alertando os doentes e os profissionais de saúde para o facto de o medicamento poder causar toxicidade hepática, redução da fração de ejeção do ventrículo esquerdo (toxicidade cardíaca), toxicidade embriofetal e defeitos congénitos, e para a necessidade de contraceção eficaz antes de iniciar o tratamento com trastuzumab emtansine.
A dose e o esquema recomendados para o ado-trastuzumab emtansine são de 3,6 $mg.kg^{-1}$ administrados como uma perfusão intravenosa de 3 em 3 semanas (ciclo de 21 dias) até à progressão da doença ou toxicidade inaceitável. Ado-trastuzumab emtansine não deve ser administrado em doses superiores a 3,6 $mg.kg^{-1}$ e não deve ser substituído por ou com trastuzumab.

Utilização no cancro

Ado-trastuzumab emtansine está aprovado para o tratamento:

- **Cancro da mama** HER2 positivo e com metástases (disseminação para outras partes do corpo). É utilizado em doentes que já tenham sido tratadas com trastuzumab e um taxano. Também é utilizado nestas doentes se o cancro recidivar (voltar) após a terapia adjuvante.

O Ado-trastuzumab emtansine está também a ser estudado no tratamento de outros tipos de cancro.

12. Adriamicina (cloridrato de doxorrubicina)

Estrutura química:

HCl

Mecanismos da farmacodinâmica anticancerígena

São propostos dois mecanismos pelos quais a doxorrubicina actua na célula cancerosa: (i) intercalação no ADN e perturbação da reparação do ADN mediada pela topoisomerase-II e (ii) geração de radicais livres e respectivos danos nas membranas celulares, no ADN e nas proteínas (figura 9) (83). Em resumo, a doxorrubicina é oxidada a semiquinona, um metabolito instável, que é convertido novamente em doxorrubicina num processo que liberta espécies reactivas de oxigénio. As espécies reactivas de oxigénio podem levar à peroxidação lipídica e a danos nas membranas, danos no ADN, stress oxidativo e desencadear vias apoptóticas de morte celular (84). Os genes candidatos que podem modular esta via envolvem os que são capazes de efetuar a reação de oxidação (NADH desidrogenases, óxido nítrico sintases, xantina oxidase) (85, 86) e os que são capazes de desativar os radicais livres, como a glutationa peroxidase, a catalase e a superóxido dismutase. Alternativamente, a doxorrubicina pode entrar no núcleo e envenenar a topoisomerase-II, resultando também em danos no ADN e morte celular (87). Os farmacogenes candidatos para esta parte da via incluem as enzimas envolvidas nos mecanismos de reparação do ADN e no controlo do ciclo celular (genes *TOP2A, MLH1, MSH2, TP53* e *ERCC2*). Embora a evidência para alguns destes genes candidatos seja irrefutável (*TOP2A*) (87, 88), outros são incluídos com base nos dados de sistemas modelo, mas a natureza polimórfica pode valer a pena ser explorada em estudos de PGx (89, 90).

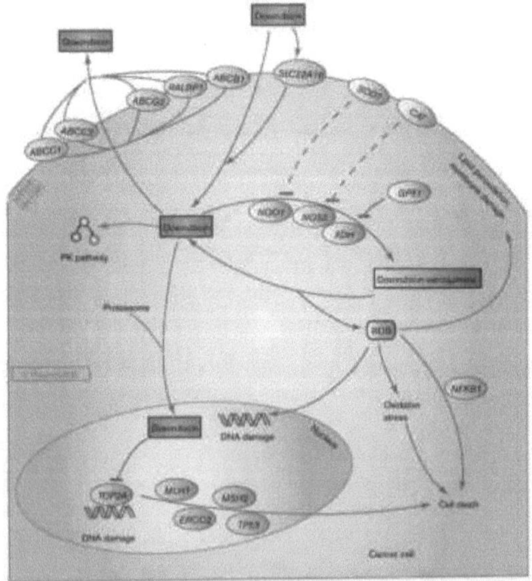

Figura 9. Representação gráfica dos genes candidatos envolvidos na farmacodinâmica da

doxorrubicina numa célula cancerígena estilizada.

Mecanismos de cardiotoxicidade

O mecanismo exato da cardiotoxicidade da doxorrubicina é algo controverso. Existem duas teorias principais: (i) radicais livres relacionados com o ferro e formação do metabolito doxorrubicinol e (ii) perturbação mitocondrial, que está de certa forma interligada (revisto em (91) e (92) e mostrado na Figura 10). Uma das provas mais fortes que apoiam a hipótese do ferro é o facto de o quelante de ferro, dexrazoxano, proteger contra a toxicidade induzida pela doxorrubicina *in vivo* (93). A melhor prova que apoia a hipótese mitocondrial é a associação das variantes genéticas em vários genes componentes do complexo mitocondrial NAD(P)H oxidase com a cardiotoxicidade da doxorrubicina nos estudos farmacogenéticos (ver secção sobre farmacogenética para mais pormenores) (94, 95).

Em resumo, a doxorrubicina pode ser reduzida a doxorrubicinol, um metabolito que interfere com as regulações do ferro (por ACO1) e do cálcio (pela bomba de cálcio do retículo sarcoplasmático, ATP2A2 e pela bomba Na+/K+ do sarcolema, RYR2) e pela bomba de protões F0F1 da mitocôndria (codificada pela família de genes *ATP5*) (96, 97). Os genes candidatos para a formação de doxorrubicinol são *AKR1C3*, *AKR1A1*, *CBR1* e *CBR3*. (Para mais pormenores sobre o metabolismo da doxorrubicina, ver a via farmacocinética (PK) da doxorrubicina na PharmGKB). Os genes candidatos envolvidos na produção de espécies reactivas de oxigénio ou de espécies reactivas de azoto a partir do metabolismo da doxorrubicina incluem as óxido nítrico sintases (98) e os genes do complexo NAD(P)H oxidase *NCF4*, *CYBA* e *RAC2* (94). O metabolismo da doxorrubicina na mitocôndria pode perturbar a respiração e levar à libertação de citocromo C, iniciando a apoptose (99). O mecanismo de ação do dexrazoxano na proteção contra a cardiotoxicidade pode ser o sequestro de ferro, impedindo a formação de radicais livres. No entanto, como outros quelantes de ferro, como o deferasirox, não conseguem exercer os efeitos protectores do dexrazoxano (100), um mecanismo alternativo é a interação com o TOP2B, que impede a doxorrubicina de induzir danos no ADN (101). Embora o dexrazoxano reduza a toxicidade quando administrado com a doxorrubicina, a eficácia também é reduzida, pelo que esta combinação só é utilizada após ter sido atingido um limiar de dose cumulativa (102). Outras antraciclinas, como a daunorrubicina, a epirrubicina e a idarubicina, também provocam cardiotoxicidade em diferentes graus. A daunorrubicina também é considerada tão cardiotóxica quanto a doxorrubicina (103). A epirrubicina foi menos tóxica do que a doxorrubicina em modelos animais (103) e alguns dados in vivo mostraram menor cardiotoxicidade para a epirrubicina. Embora uma recente revisão e meta-análise da Cochrane tenha concluído que não houve diferença significativa entre a ocorrência de insuficiência cardíaca clínica entre a doxorrubicina e a epirrubicina quando se analisaram os dados de ensaios clínicos aleatórios (102). No entanto, a formulação lipossómica da doxorrubicina demonstrou ser menos cardiotóxica do que a doxorrubicina tradicional sem comprometer a eficácia em adultos com tumores sólidos (102). A idarubicina também foi menos cardiotóxica em modelos animais (104), mas a revisão da Cochrane não encontrou provas suficientes de estudos aleatórios para apoiar qualquer comparação direta *in vivo* (102).

Tal como acontece com a maioria dos tratamentos contra o cancro, a doxorrubicina raramente é administrada isoladamente. A maioria dos estudos *in vivo* envolve o co-tratamento com outros agentes antineoplásicos, como os taxanos, os fármacos de platina, os análogos da mostarda azotada, as fluoropirimidinas e os alcalóides da vinca, o que pode complicar a associação das variantes a um tratamento específico. Os relatos de interação medicamentosa foram demonstrados para a doxorrubicina com fenitoína (105, 106) e ciclosporina (107), provavelmente por ABCB1, e sorafenib por RALBP1 (108). Mais relevantes do ponto de vista clínico são as interacções medicamentosas que resultam na cardiotoxicidade do co-tratamento com doxorrubicina e trastuzumab ou taxanos como o paclitaxel e o docetaxel (109). O trastuzumab tem um aviso de caixa negra da Food and Drug Administration para a cardiomiopatia que adverte contra o uso concomitante de antraciclinas. O trastuzumab bloqueia a sinalização ERBB2 de NRG1, uma via cardioprotectora que protege contra o stress. Sem esta cardioprotecção endógena, o tratamento com doxorrubicina pode ser mais prejudicial (109). A interação com os taxanos ocorre através de um mecanismo diferente. Em sistemas modelo, o paclitaxel potencia a cardiotoxicidade da doxorrubicina, o que é menos pronunciado no caso do docetaxel. O paclitaxel também potencia a cardiotoxicidade da epirrubicina, sendo a epirrubicina mais o docetaxel a combinação menos tóxica (103). O mecanismo para o aumento da cardiotoxicidade induzido pelos taxanos é o aumento da formação de doxorrubicinol, através da modulação da atividade catalítica da aldeído redutase (109).

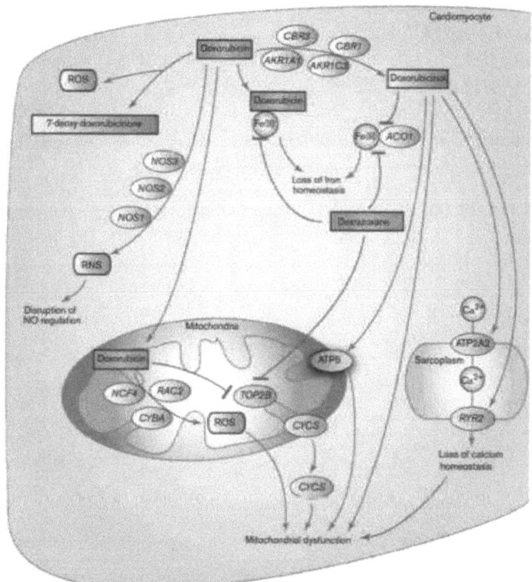

Figura 10. Representação gráfica dos genes candidatos envolvidos na cardiotoxicidade da doxorrubicina.

Aprovado pela FDA

Utilização no cancro

O cloridrato de doxorrubicina está aprovado para ser utilizado sozinho ou com outros medicamentos para tratar:

- **Leucemia linfoblástica aguda** (LLA).
- **Leucemia mieloide aguda** (LMA).
- **Cancro da mama.** Também é utilizado como terapia adjuvante para o cancro da mama que se espalhou para os gânglios linfáticos após a cirurgia.
- **Cancro gástrico (do estômago).**
- **Linfoma de Hodgkin.**
- **Neuroblastoma.**
- **Linfoma não-Hodgkin.**
- **Cancro do ovário.**
- **Cancro do pulmão de pequenas células.**
- **Sarcomas dos tecidos moles e dos ossos.**
- **Cancro da tiroide.**
- **Cancro da bexiga de células transicionais.**
- **Tumor de Wilms.**

O cloridrato de doxorrubicina está também a ser estudado no tratamento de outros tipos de cancro.
O cloridrato de doxorrubicina está também disponível numa forma diferente designada por cloridrato de doxorrubicina lipossoma.

13. Dimaleato de afatinib

Nome(s) de marca dos EUA: Gilotrif

Denominações químicas: AFATINIBDIMALEATO ; Afatinib (diMaleato); UNII- V1T5K7RZ0B; BIBW 2992MA2; CHEBI:76003, 2-butenamida, N-[4-[3(-cloro-4-fluorofenil)amino]-7-[[[(3S)- tetrahidro-3-furanil]oxi]-6- quinazolinil]-4-(dimetilamino)- ,(2E)-, (2Z)-2-butenodioato (1:2)

Fórmula molecular: $C_{24}H_{25}ClFN_5O_3$ × $2C_4H_4O_4$ ou $C_{32}H_{33}ClFN_5O_{11}$

Peso molecular: 718,082723 $gmol^{-1}$ (forma de sal) 485,9 $gmol^{-1}$ (base livre)

Estrutura química

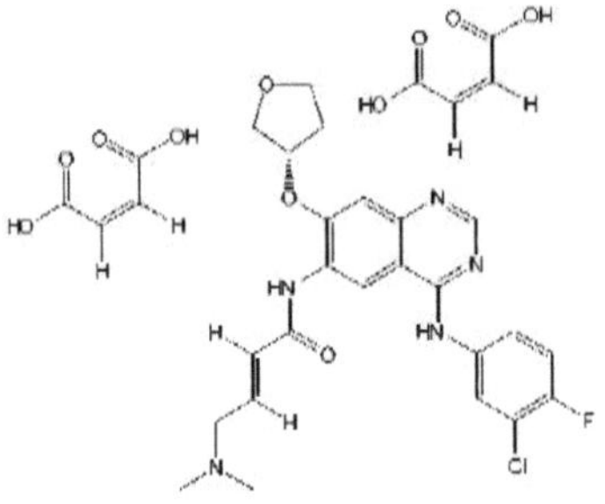

A forma de sal dimaleato do afatinib, um derivado anilino-quinazolina com biodisponibilidade oral e inibidor da família dos receptores do fator de crescimento epidérmico (ErbB; EGFR) da tirosina quinase (RTK), terá atividade antineoplásica. Após a sua administração, o afatinib liga-se selectiva e irreversivelmente aos receptores do fator de crescimento epidérmico 1 (ErbB1; EGFR), 2 (ErbB2; HER2) e 4 (ErbB4; HER4) e a determinados mutantes do EGFR, incluindo os causados por mutações de deleção do exão 19 do EGFR ou mutações do exão 21 (L858R), inibindo-os. Isto pode resultar na inibição do crescimento tumoral e da angiogénese em células tumorais que sobre-expressam estes RTKs. Além disso, o afatinib inibe a mutação EGFR T790M gatekeeper, que é resistente ao tratamento com inibidores EGFR de primeira geração. EGFR, HER2 e HER4 são RTKs que pertencem à superfamília EGFR; desempenham papéis importantes tanto na proliferação como na vascularização das células tumorais e estão sobre-expressos em muitos tipos de células cancerígenas.

Farmacologia

O Dimaleato de Afatinib é a forma de sal dimaleato do afatinib, um derivado anilino-quinazolina biodisponível por via oral e inibidor da família dos receptores do fator de crescimento epidérmico (ErbB; EGFR) da tirosina quinase (RTK), com atividade antineoplásica. Após a sua administração, o afatinib liga-se selectiva e irreversivelmente aos receptores do fator de crescimento epidérmico 1 (ErbB1; EGFR), 2 (ErbB2; HER2) e 4 (ErbB4; HER4) e a determinados mutantes do EGFR, incluindo os causados por mutações de deleção do exão 19 do EGFR ou mutações do exão 21 (L858R), inibindo-os. Isto pode resultar na inibição do crescimento tumoral e da angiogénese em células tumorais que sobre-expressam estes RTKs. Além disso, o afatinib inibe a mutação EGFR T790M gatekeeper, que é resistente ao tratamento com inibidores EGFR de primeira geração. EGFR, HER2 e HER4 são RTKs que pertencem à superfamília EGFR; desempenham papéis importantes tanto na proliferação como na vascularização das células tumorais e estão sobre-expressos em muitos tipos de células cancerígenas.

Grupo farmacoterapêutico: outros agentes antineoplásicos - inibidores da proteína quinase, código

ATC: L01XE13.

Farmacodinâmica

Mecanismo de ação

O afatinib é um bloqueador irreversível da família ErbB. O afatinib liga-se de forma covalente e bloqueia irreversivelmente a sinalização de todos os homo e heterodímeros formados pelos membros da família ErbB EGFR (recetor do fator de crescimento epidérmico, ErbB1), HER2 (recetor do fator de crescimento epidérmico humano 2, ErbB2), ErbB3 e ErbB4.

Efeitos farmacodinâmicos

A sinalização ErbB aberrante desencadeada, por exemplo, por mutações e/ou amplificação do EGFR, amplificação ou mutação do HER2 e/ou sobreexpressão do ligando ErbB contribui para o fenótipo maligno em subgrupos de doentes de vários tipos de cancro.

Em modelos pré-clínicos de doença com desregulação da via ErbB, o afatinib, como agente único, bloqueia eficazmente a sinalização do recetor ErbB, resultando na inibição do crescimento tumoral ou na regressão do tumor. Os modelos de cancro do pulmão de células não pequenas (NSCLC) com mutações L858R ou Del 19 EGFR são particularmente sensíveis ao tratamento com afatinib. O afatinib mantém uma atividade antitumoral significativa contra linhas celulares de NSCLC *in vitro* e modelos de tumores *in vivo* (xenoenxertos ou modelos transgénicos) conduzidos por isoformas mutantes do EGFR conhecidas por serem resistentes aos inibidores reversíveis do EGFR erlotinib e gefitinib, como o T790M, embora a atividade do afatinib tenha sido significativamente menor do que contra modelos não resistentes.

Eletrofisiologia cardíaca

GIOTRIF em doses de 50 mg por dia não resultou num prolongamento significativo do intervalo QTcF após administrações únicas e múltiplas em doentes com tumores sólidos recidivantes ou refractários. Não se registaram resultados de segurança cardíaca de interesse clínico, sugerindo que o GIOTRIF não tem um efeito relevante no intervalo QTcF.

Aprovado pela FDA: Sim

Aprovação da FDA para Dimaleato de Afatinib

Em 12 de julho de 2013, a Food and Drug Administration (FDA) aprovou o dimaleato de afatinib (Gilotrif™ comprimidos, fabricados pela Boehringer Ingelheim Pharmaceuticals, Inc.), para o tratamento de primeira linha de doentes com cancro do pulmão de células não pequenas metastático (NSCLC) cujos tumores têm o fator de crescimento epidérmico re. A segurança e a eficácia do afatinib não foram estabelecidas em doentes cujos tumores têm outras mutações EGFR. Em simultâneo com esta ação, a FDA aprovou o *therascreen*® EGFR RGQ PCR Kit (QIAGEN) para a deteção de deleções do exão 19 do EGFR ou de mutações de substituição do exão 21 (L858R).

A aprovação do dimaleato de afatinib baseou-se na demonstração de uma melhoria da sobrevivência sem progressão (PFS) num ensaio internacional multicêntrico, aberto e aleatório (2:1). Este ensaio incluiu 345 doentes com CPNPC metastático cujos tumores apresentavam mutações EGFR positivas. Os doentes foram distribuídos aleatoriamente para receber dimaleato de afatinib 40 mg por via oral uma vez por dia (n=230) ou pemetrexato/cisplatina (n=115). A aleatorização foi estratificada de acordo com o estado da mutação EGFR (deleção do exão 19 vs. exão 21 L858R vs. "outro") e raça (asiática vs. não asiática). O principal resultado de eficácia foi a sobrevivência livre de progressão (PFS), avaliada por um comité de revisão independente (IRC).

Dos 345 doentes incluídos, 65% eram do sexo feminino, a idade média era de 61 anos, 26% eram caucasianos e 72% eram asiáticos. A maioria dos doentes tinha uma amostra de tumor com uma mutação EGFR classificada como deleção do exão 19 (49 por cento) ou exão 21 (L858R) substituições (40%), e os restantes 11% tinham "outras" mutações.

Foi demonstrado um prolongamento estatisticamente significativo da PFS determinado pelo IRC para os doentes designados para receber tratamento com dimaleato de afatinib [HR 0,58 (95% CI: 0,43, 0,78); p < 0,001, teste log-rank estratificado]. A PFS mediana foi de 11,1 meses em pacientes tratados com dimaleato de afatinibe e 6,9 meses em pacientes tratados com quimioterapia. As taxas de resposta objetiva foram de 50,4 por cento nos doentes tratados com dimaleato de afatinib e de 19,1 por cento nos doentes tratados com quimioterapia. Não foi demonstrada qualquer diferença estatisticamente significativa na sobrevivência global entre os dois grupos. Nos doentes cujos tumores apresentavam deleções do exão 19 ou substituição do exão 21 (L858R) mutações, a PFS mediana foi de 13,6 meses nos doentes tratados com dimaleato de afatinib e de 6,9 meses nos doentes tratados com quimioterapia.

As reacções adversas mais frequentes (pelo menos 20% de incidência) do dimaleato de afatinib foram diarreia, erupção cutânea/dermatite acneiforme, estomatite, paroníquia, pele seca, diminuição do apetite e prurido.

Foram notificadas reacções adversas graves em 29% dos doentes tratados com dimaleato de afatinib. As reacções adversas graves mais frequentes foram diarreia (6,6 por cento), vómitos (4,8 por cento), dispneia, fadiga e hipocalemia (1,7 por cento cada). As reacções adversas fatais em doentes tratados com dimaleato de afatinib incluíram toxicidade pulmonar/reacções adversas semelhantes à doença pulmonar intersticial (DPI) (1,3 por cento), sépsis (0,43 por cento) e pneumonia (0,43 por cento).

A dose e o horário recomendados para o dimaleato de afatinib são 40 mg por via oral uma vez por dia até à progressão da doença ou até deixar de ser tolerado pelo doente. O dimaleato de afatinib deve ser tomado pelo menos uma hora antes ou duas horas depois de uma refeição.

Utilização no cancro

O dimaleato de afatinib está aprovado para o tratamento:

- **Cancro do pulmão de células não pequenas** que metastizou (se espalhou para outras partes do corpo). É utilizado como tratamento de primeira linha em doentes com tumores que apresentam determinadas mutações no recetor do fator de crescimento epidérmico (EGFR).

O dimaleato de afatinib está também a ser estudado no tratamento de outros tipos de cancro.

14. Afinitor (Everolimus)

Nome(s) de marca dos EUA: Afinitor, Zortress
Nomes químicos: Everolimus; Afinitor; Certican; Zortress; SDZ-RAD; RAD001
Fórmula molecular: $C_{53}H_{83}NO_{14}$
Peso molecular: 958,22442 $gmol^{-1}$
Estrutura química

Farmacologia

O everolimus é um derivado da lactona macrocíclica natural sirolimus com propriedades imunossupressoras e anti-angiogénicas. Nas células, o everolimus liga-se à imunofilina FK Binding Protein-12 (FKBP-12) para gerar um complexo imunossupressor que se liga e inibe a ativação da mammalian Target of Rapamycin (mTOR), uma quinase reguladora chave. A inibição de A ativação do mTOR resulta na inibição da ativação e proliferação dos linfócitos T associada à estimulação com antigénios e citocinas (IL-2, IL-4 e IL-15) e na inibição da produção de anticorpos.

Mecanismo de ação

O everolimus é um inibidor do mTOR que se liga com elevada afinidade à proteína-12 de ligação ao FK506 (FKBP-12), formando assim um complexo de fármacos que inibe a ativação do mTOR. Esta inibição reduz a atividade dos efectores a jusante, o que leva a um bloqueio da progressão das células da fase G1 para a fase S, induzindo subsequentemente a paragem do crescimento celular e a apoptose. O everolimus também inibe a expressão do fator induzível pela hipóxia, levando a uma diminuição da expressão do fator de crescimento endotelial vascular. O resultado da inibição do mTOR pelo everolimus é uma redução da proliferação celular, da angiogénese e da captação de glicose.
O alvo mecânico da rapamicina (mTOR) é uma serinetreonina quinase que funciona através de dois complexos multiproteicos, nomeadamente mTORC1 e mTORC2, cada um caracterizado por diferentes parceiros de ligação que conferem funções distintas. A função de mTORC1 é fortemente regulada por PI3-K/Akt e é sensível à rapamicina. mTORC2 é sensível a factores de crescimento, não a nutrientes, e está associada à insensibilidade à rapamicina. mTORC1 regula a síntese proteica e o crescimento celular através de moléculas a jusante: 4E-BP1 (também chamada EIF4E-BP1) e S6K. Além disso, pensa-se que o mTORC2 modula a sinalização dos factores de crescimento através da fosforilação do motivo hidrofóbico C-terminal de algumas cinases AGC, como a Akt e a SGK. Provas recentes sugerem que o mTORC2 pode desempenhar um papel importante na manutenção de células normais e cancerosas em virtude da sua associação com os ribossomas, que podem estar envolvidos na regulação metabólica da célula. A rapamicina (sirolimus) e os seus análogos conhecidos como rapalogues, como o RAD001 (everolimus) e o CCI-779 (temsirolimus), suprimem a atividade do mTOR através de um mecanismo alostérico que actua a uma distância do local de ligação catalítico do ATP, sendo considerados inibidores incompletos. Além disso, estes compostos suprimem a ativação de S6K mediada por mTORC1, bloqueando assim um ciclo de feedback negativo, que conduz à ativação de vias mitogénicas que promovem a sobrevivência e o crescimento das células. Consequentemente, o mTOR é um alvo adequado de terapia nos tratamentos do cancro. No entanto, nenhum destes complexos é totalmente inibido pelo inibidor alostérico rapamicina ou seus análogos.

Nos últimos anos, foram desenvolvidos novos agentes farmacológicos que podem inibir estes complexos através do mecanismo de ligação ao ATP ou da inibição dupla da via de sinalização canónica PI3-K/Akt/mTOR. Estes compostos incluem WYE-354, KU- 003679, PI-103, Torinl e Torin2, que podem ter como alvo ambos os complexos ou servir como inibidores duplos de PI3-K/mTOR. Esta investigação descreve o mecanismo de ação de agentes farmacológicos que visam eficazmente mTORC1 e mTORC2, resultando na supressão do crescimento, da proliferação e da migração de células tumorais e células estaminais cancerígenas (110).

Aprovado pela FDA

Aprovação do Everolimus pela FDA (2016)

Em 26 de fevereiro de 2016, a U. S. Food and Drug

A administração aprovou o everolimus (Afinitor, Novartis) para o tratamento de doentes adultos com tumores neuroendócrinos (NET) progressivos, bem diferenciados e não funcionais, de origem gastrointestinal (GI) ou pulmonar, com doença irressecável, localmente avançada ou metastática.

A aprovação de hoje baseou-se na demonstração da melhoria da sobrevivência livre de progressão (PFS) num ensaio multicêntrico, aleatorizado (2:1), controlado por placebo de everolimus 10 mg por via oral uma vez por dia mais os melhores cuidados de suporte (BSC) para placebo mais BSC.

O ensaio clínico incluiu 302 doentes com tumores neuroendócrinos (NET) irressecáveis, localmente avançados ou metastáticos, bem diferenciados (grau baixo ou intermédio), não funcionais (sem história atual ou anterior de sintomas carcinóides), de origem gastrointestinal ou pulmonar. Todos os doentes tinham de ter evidência de progressão da doença nos 6 meses anteriores à aleatorização. A principal medida de eficácia foi a sobrevivência livre de progressão (PFS) com base numa avaliação radiológica independente de acordo com RECIST. A PFS mediana foi de 11 meses e 3,9 meses nos braços de everolimus e placebo, respetivamente [HR 0,48 (IC 95%: 0,35, 0,67), p <0,001, teste de log rank estratificado]. As taxas de resposta global foram de 2% no braço do everolimus e 1% no braço do placebo. Na análise interina planeada, não houve diferença estatisticamente significativa na sobrevivência global entre os braços.

Os dados de segurança foram avaliados em 300 doentes que receberam pelo menos uma dose do medicamento experimental. A duração mediana da exposição ao everolimus foi de 9,3 meses; 64% dos doentes foram tratados durante um período superior ou igual a 6 meses e 39% foram tratados durante um período superior ou igual a 12 meses.

O everolimus foi descontinuado devido a reacções adversas em 29% dos doentes e foi necessária uma redução ou atraso da dose em 70% dos doentes tratados com everolimus. Ocorreram reacções adversas graves em 42% dos doentes tratados com everolimus e incluíram 3 eventos fatais (insuficiência cardíaca, insuficiência respiratória e choque sético). As reacções adversas mais comuns (incidência maior ou igual a 30%) foram estomatite, infecções, diarreia, edema periférico, fadiga e erupção cutânea. As anomalias laboratoriais mais comuns (incidência maior ou igual a 50%) foram anemia, hipercolesterolemia, linfopenia, elevação da aspartato transaminase (AST) e hiperglicemia em jejum.

A dose e o horário recomendados para o everolimus são 10 mg por via oral uma vez por dia.

Utilização no cancro

Everolimus está aprovado para o tratamento:

- **Cancro da mama.** É utilizado em combinação com exemestano em mulheres pós-menopáusicas com cancro da mama avançado com recetor hormonal positivo (HR+) que também é HER2 negativo (HER2-) e que não melhorou com outra quimioterapia.
- **Cancro do pâncreas, cancro gastrointestinal** e **cancro do pulmão** (determinados tipos). É utilizado em adultos com tumores neuroendócrinos progressivos que não podem ser removidos por cirurgia, que estão localmente avançados ou que sofreram metástases (disseminação para outras partes do corpo).
- **Carcinoma de células renais** (um tipo de cancro do rim) avançado, em adultos que não melhoraram com outra quimioterapia.
- **Astrocitoma subependimário de células gigantes** em adultos e crianças com esclerose tuberosa e que não podem ser submetidos a cirurgia. O everolimus está disponível sob a forma de

comprimidos (Afinitor) ou comprimidos para suspensão oral (Afinitor Disperz). Apenas o Afinitor Disperz é utilizado em crianças.
A utilização de everolimus no tratamento do cancro está aprovada para a marca Afinitor. O everolimus está também aprovado para tratar a rejeição de transplantes. Esta utilização está aprovada para a marca Zortress.
O everolimus está também a ser estudado para o tratamento de outros tipos de cancro.

15. Akynzeo (Netupitant e cloridrato de palonosetron)

Nome(s) de marca dos EUA: Akynzeo
Netupitant/ palonosetron;
Netupitant e palonosetron;
Mistura de netupitant com palonosetron
C47H56F6N6O2
850,976959 gmol-1
Nomes químicos:
Aprovado pela FDA
Aprovação da FDA para Netupitant e Cloridrato de Palonosetron (10 de outubro de 2014):
Fórmula molecular:
Peso molecular:
A U.S. Food and Drug Administration aprovou hoje o Akynzeo (netupitant e palonosetron) para o tratamento de náuseas e vómitos em doentes submetidos a quimioterapia para o cancro.
Estrutura química:

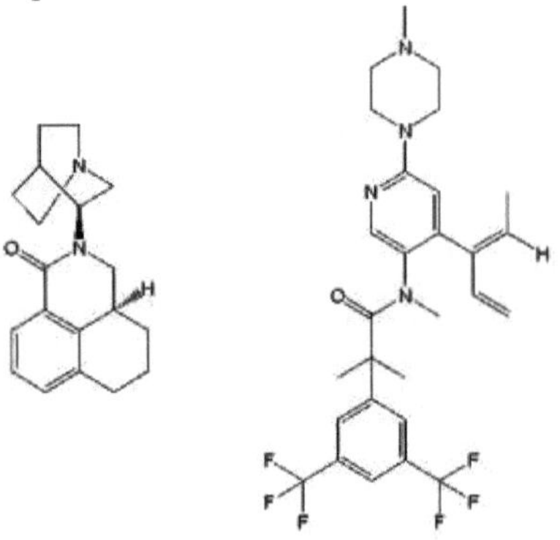

O Akynzeo é uma cápsula de combinação fixa composta por dois medicamentos. O palonosetrom oral, aprovado em 2008, previne as náuseas e os vómitos durante a fase aguda (nas primeiras 24 horas) após o início da quimioterapia do cancro. O netupitant, um novo medicamento, previne as náuseas e os vómitos durante a fase aguda e a fase tardia (de 25 a 120 horas) após o início da quimioterapia para o cancro.

"Os produtos de cuidados de apoio, como o Akynzeo, ajudam a aliviar as náuseas e os vómitos que os doentes podem sentir como efeito secundário da quimioterapia para o cancro", afirmou Julie Beitz, M.D., directora do Gabinete de Avaliação de Medicamentos III do Centro de Avaliação e Investigação de Medicamentos da FDA.

A eficácia do Akynzeo foi estabelecida em dois ensaios clínicos que incluíram 1720 participantes que receberam quimioterapia contra o cancro. Os participantes foram distribuídos aleatoriamente para receber Akynzeo ou palonosetron oral. Os ensaios foram concebidos para avaliar se os medicamentos do estudo evitavam quaisquer episódios de vómitos nas fases aguda, tardia e global após o início da quimioterapia para o cancro.

Os resultados do primeiro ensaio mostraram que 98,5 por cento, 90,4 por cento e 89,6 por cento dos participantes tratados com Akynzeo não tiveram vómitos nem necessitaram de medicação de resgate para as náuseas durante as fases aguda, tardia e global, respetivamente. Em contraste, 89,7 por cento, 80,1 por cento e 76,5 por cento dos participantes tratados com palonosetron oral não tiveram vómitos nem necessitaram de medicação de resgate para as náuseas durante as fases aguda, tardia e geral,

respetivamente. O segundo ensaio mostrou resultados semelhantes.
Os efeitos secundários mais frequentes do Akynzeo nos ensaios clínicos foram dores de cabeça, fraqueza (astenia), fadiga, indigestão (dispepsia) e obstipação.
O Akynzeo é distribuído e comercializado pela Eisai Inc., de Woodcliff Lake, Nova Jérsia, sob licença da Helsinn Healthcare S.A., sediada em Lugano, Suíça.
A FDA, uma agência do Departamento de Saúde e Serviços Humanos dos EUA, protege a saúde pública garantindo a segurança, a eficácia e a proteção de medicamentos humanos e veterinários, vacinas e outros produtos biológicos para uso humano e dispositivos médicos. A agência também é responsável pela segurança e proteção do fornecimento de alimentos, cosméticos, suplementos alimentares, produtos que emitem radiação eletrónica e pela regulamentação dos produtos do tabaco.

Utilização no cancro

O cloridrato de netupitant e palonosetron é utilizado para prevenir:
- **Náuseas** e **vómitos** provocados pela quimioterapia.

16. Aldara (Imiquimod)

Nome(s) de marca dos EUA: Aldara
Denominações químicas: IMIQUIMOD; 99011-02-6; Aldara; Zyclara; Beselna; 1-(2-metilpropil)-1H-imidazo[4,5- c]quinolin-4-amina
Fórmula molecular: C14H16N4
Peso molecular: 240,31 $gmol^{-1}$
Estrutura química

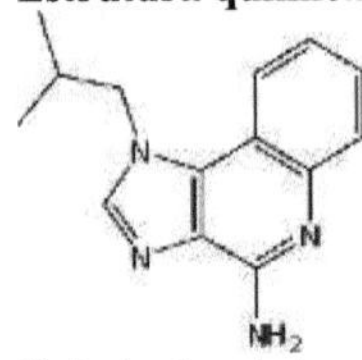

O imiquimod é um agente sintético com atividade modificadora da resposta imunitária. Como modificador da resposta imunitária (IRM), o imiquimod estimula a produção de citocinas, especialmente a produção de interferão, e exibe atividade antitumoral, particularmente contra cancros cutâneos. A atividade proapoptótica do imiquimod parece estar relacionada com a sobreexpressão de Bcl-2 em células tumorais susceptíveis.

O imiquimod é um modificador da resposta imunitária que actua como um agonista do recetor 7 do tipo toll. Imiquimod é normalmente utilizado topicamente para tratar verrugas na pele das zonas genital e anal. O Imiquimod não cura as verrugas, e podem aparecer novas verrugas durante o tratamento. Imiquimod não combate diretamente os vírus que causam as verrugas, no entanto, ajuda a aliviar e a controlar a produção de verrugas. Imiquimod é também utilizado para tratar uma doença da pele do rosto e do couro cabeludo chamada queratoses actínicas e certos tipos de cancro da pele chamados carcinoma basocelular superficial.

Farmacologia

Mecanismo de ação

O imiquimod, o principal composto da família das imidazoquinolinas dos análogos de nucleósidos, demonstrou uma boa eficácia contra uma variedade de tumores de diferentes origens. O modo de ação do imiquimod e dos compostos relacionados é complexo e interessante, na medida em que parece incluir vários componentes que, presumivelmente, se reforçam mutuamente. (102)

Desde a sua primeira descrição como potentes imunomoduladores antivirais (103, 104) e após a

A demonstração de profundas actividades antitumorais num modelo pré-clínico de crescimento tumoral (105), as imidazoquinolinas, em particular o composto principal imiquimod, despertaram um grande interesse nos domínios da oncologia clínica e experimental. O imiquimod (1-(2-metilpropil)-*1H-imidazo*[4,5-c]quinolin-4-amina), cuja estrutura química está representada na Fig. 1, é um análogo de nucleósido com uma massa molecular de 240,3. Este tamanho relativamente pequeno, bem como a sua propriedade geral bastante hidrofóbica, tornam o composto adequado para penetrar na barreira epidérmica e para ser utilizado em aplicações tópicas. A classe das 1Himidazo-[4,5-c]quinolinas foi originalmente

desenvolvidos com o objetivo de gerar análogos de nucleósidos como potenciais agentes antivirais. Embora rapidamente se tenha tornado claro que estas substâncias não exerciam actividades antivirais directas, alguns compostos mostraram uma eficácia considerável contra lesões induzidas por vírus, uma atividade que poderia ser atribuída à indução de citocinas, especialmente interferões(106). O imiquimod foi aprovado pela primeira vez para o tratamento de verrugas genitais induzidas pelo HPV (papilomavírus humano) e é geralmente bem tolerado (107). No entanto, vários ensaios clínicos controlados, bem como numerosos relatos de casos e pequenas séries de casos, demonstraram de forma convincente que o imiquimod também é eficaz contra uma variedade de cancros primários da pele e metástases cutâneas de alguns tumores malignos. Os tumores cutâneos que responderam bem

ao tratamento tópico com imiquimod incluem carcinomas basocelulares (107-111), queratoacantomas (112, 113),
queratose actínica (114-118) e doença de Bowen (119, 120), metástases cutâneas de melanoma (121-125), alguns casos de melanoma primário in situ (126-130) e linfomas cutâneos de células T (131). As primeiras investigações científicas sobre o modo de ação do imiquimod revelaram que o composto estimula a produção e secreção de citocinas pró-inflamatórias, que consecutivamente induzem uma profunda resposta imunitária celular dirigida ao tumor (132). Estudos posteriores desvendaram a base molecular dependente de TLR (toll like recetor) desta atividade pró-inflamatória do imiquimod e compostos relacionados (133, 134). No entanto, tal como demonstrado em estudos recentes, o imiquimod exerce actividades mais amplas que incluem efeitos apoptóticos directos nas células tumorais, estimulação da expressão genética independente dos TLR e interferência nas vias de sinalização dos receptores de adenosina (135, 136).

ACTIVIDADE PRÓ-APOPTÓTICA DO IMIQUIMOD

Há vários anos que se sabe que o imiquimod modula as vias de sinalização STAT-1 (transdutor de sinal e ativador da transcrição-1) (137) [88]. Por um lado, esta interação pode contribuir para a transcrição de citocinas pró-inflamatórias (138)[89]. Por outro lado, no entanto, o STAT-1 desempenha um papel fundamental na indução da apoptose em vários tipos de células (139)[90]. Além disso, a aplicação tópica de imiquimod *in vivo* levou a um aumento da expressão do recetor de morte CD95 (Fas) em carcinomas basocelulares (140)[91]. Nesta pequena série de casos, a expressão de CD95 foi detectada em 3 de 4 dos tumores tratados com imiquimod, enquanto nenhum dos controlos tratados com veículo (n=5) mostrou expressão de CD95. Além disso, com base em estudos imunohistoquímicos, o imiquimod parece diminuir a expressão da proteína anti-apoptótica Bcl-2 em carcinomas basocelulares *in vivo* (141)[92]. Assim, é concebível que o imiquimod aumente a suscetibilidade das células tumorais a *estímulos* apoptóticos, *por exemplo*, ao CD95L ou a outros ligandos de morte, que podem ser produzidos por células tumorais vizinhas ou por células imunitárias infiltrantes. Esta atividade pró-apoptótica do imiquimod poderia ser mediada pela regulação dependente dos TLR da expressão das respectivas proteínas relacionadas com a apoptose; o potencial efeito pró-apoptótico do imiquimod seria assim indireto. De facto, há muito que se postula que o imiquimod não tem atividade antineoplásica direta e que a sua eficácia antitumoral é indireta, *ou seja,* exercida exclusivamente através dos mecanismos de modulação imunitária acima referidos.

Atividade pró-apoptótica direta do imiquimod

A observação de que o imiquimod apresentava uma atividade pró-apoptótica direta contra células tumorais epiteliais em cultura foi, portanto, uma surpresa (142). No entanto, a atividade proapoptótica A atividade do imiquimod foi mais tarde confirmada in vivo em tumores de diferentes origens (141,143-145), bem como a nível celular *in vitro* (146). A investigação sobre este novo modo de ação do imiquimod teve origem na observação fortuita de que - na ausência de células dendríticas ou de outras células do sistema imunitário - as culturas de células tumorais tratadas com imiquimod apresentavam, de forma consistente e dependente da dose, um número de células inferior ao das culturas de controlo tratadas com o veículo (142). Este efeito do imiquimod foi observado (um pouco dependente do tipo de célula) preferencialmente em células tumorais em concentrações de aproximadamente 25 µg/ml a 50 µg/ml, ou seja, em concentrações que são 5 a 10 vezes maiores do que as necessárias para a indução da atividade pró-inflamatória dependente de TLR em células dendríticas. No entanto, dado que estas concentrações são aproximadamente 3 logs abaixo da formulação comercializada (Aldara® 5% creme), é
é razoável supor que a indução da apoptose contribui para o efeito antitumoral global do imiquimod *in vivo.* De facto, tanto nos carcinomas basocelulares (142, 141) como nas metástases de melanoma cutâneo (145) tratados com imiquimod, foi detectado um aumento do número de células apoptóticas em comparação com os respectivos controlos. No entanto, é possível que outros factores *in vivo, por exemplo,* células imunitárias infiltradas, contribuam para a indução de apoptose em tumores tratados com imiquimod.

Mecanismo molecular da apoptose induzida pelo imiquimod

Quando a base molecular da atividade pró-apoptótica do imiquimod foi avaliada com mais pormenor (esquematizada na Figura 11, painel inferior direito), foi demonstrado que a atividade pró-apoptótica do imiquimod in vitro era independente dos receptores de morte ligados à membrana, incluindo CD95, TRAIL (ligando indutor de apoptose relacionado com o TNF) - receptores-1 a -4 ou receptores-1 e -2 do TNF. O imiquimod induziu deslocações intracelulares de membros pró- e anti-apoptóticos da família de proteínas Bcl-2 a favor da pró-apoptótica Bax. A transfecção de células tumorais com a Bcl-2 anti-apoptótica tornou os transfectantes comparativamente resistentes à apoptose induzida pelo imiquimod (142, 145), um mecanismo que foi descrito de forma semelhante para outros compostos citostáticos (147). Assim, parece que a atividade pró-apoptótica do imiquimod está, pelo menos em parte, dependente das proteínas Bcl-2. Além disso, o imiquimod induziu a libertação do citocromo C mitocondrial para o citosol. Esta libertação é um pré-requisito para a formação de um complexo com a proteína adaptadora Apaf-1 e a pró-caspase 9 (conjuntamente designadas por apoptossoma) que, eventualmente, conduz à ativação proteolítica da caspase-9 e, consecutivamente, à ativação das caspases terminais, em particular a caspase-3 (148).

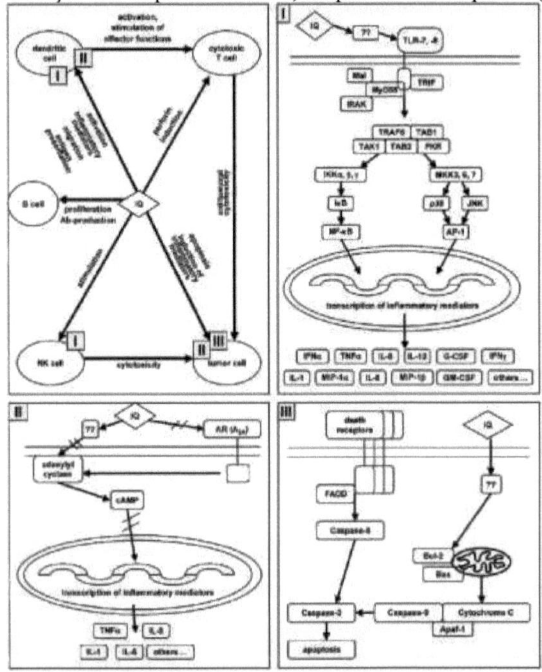

Figura 11. Sinopse do modo de ação do imiquimod. No painel superior esquerdo, é apresentado um resumo das actividades importantes seleccionadas do imiquimod a nível celular. As células dendríticas são o principal tipo de célula reactiva e muitos dos efeitos pró-inflamatórios do imiquimod observados noutras células são uma consequência da sua atividade nas células dendríticas, sendo, portanto, indirectos. Além disso, existe alguma atividade pró-inflamatória e pró-apoptótica direta noutros tipos de células. De acordo com os nossos conhecimentos actuais, parece que (pelo menos) três aspectos que se reforçam mutuamente contribuem para a

(I, painel superior direito) A ativação do NF-κB através da estimulação agonística das cascatas de sinalização mediadas por TLR-7 e TLR-8 é a atividade mais importante: (I, painel superior direito) A ativação do NF-κB através da estimulação agonística das cascatas de sinalização mediadas pelos TLR-7 e TLR-8 é a atividade mais importante. O seu resultado é a indução de várias citocinas pró-inflamatórias, quimiocinas e outros mediadores que conduzem à montagem de uma profunda resposta imunitária celular antitumoral dominada por Th1. Uma série de efeitos secundários a nível celular pode também ser atribuída às cascatas de sinalização mediadas pelos TLR e pelo NF-κB. (II, painel inferior esquerdo) A atividade pró-inflamatória do imiquimod pode ser aumentada pela supressão de um mecanismo de feedback negativo mediado pela sinalização dos receptores de adenosina, tal como descrito no texto. (III, painel inferior direito) Finalmente, em concentrações mais elevadas, embora terapeuticamente relevantes, o imiquimod induz a apoptose nas células tumorais através de mecanismos descritos no texto. O resultado líquido do modo de ação do imiquimod é uma atividade profunda contra tumores de várias origens (102).

Uma outra prova experimental que apoia a hipótese de que a apoptose induzida pelo imiquimod nas células tumorais depende da ativação das caspases provém de experiências em que a inibição de todas as caspases ou de caspases individuais (isto *é,* caspases-3, -8, -9, -10 e, em alguns casos, em menor grau, caspases-4 e -6) por inibidores específicos de oligopéptidos conjugados com fluorometilcetona, caspases-3, -8, -9, -10 e, em alguns casos, em menor grau, caspases-4 e -6) por inibidores específicos de oligopeptídeos conjugados com fluorometilcetona resultou numa diminuição significativa da atividade pró-apoptótica do imiquimod (142, 146).

A contribuição exacta da indução da apoptose para a atividade antitumoral global do imiquimod não é, neste momento, totalmente clara. A situação *in vivo* é certamente complexa e compreende vários níveis de interação entre múltiplos intervenientes que são afectados direta ou indiretamente pelo imiquimod.

É possível que os mecanismos indirectos *in vivo* de indução da apoptose, *por exemplo,* através da já referida indução de CD95 nas células tumorais (141), que não foi encontrada em experiências in vitro (142), contribuam para o efeito pró-apoptótico do imiquimod. No entanto, com base nas concentrações eficazes *in vitro*, parece que a indução direta da apoptose contribui para a atividade antitumoral global do imiquimod.

Utilização no cancro

O Imiquimod está aprovado para o tratamento:

- **Carcinoma basocelular** superficial.
- **Queratose actínica.**
- **Verrugas genitais.**

O Imiquimod está também a ser estudado no tratamento de outras doenças e tipos de cancro.

Aprovado pela FDA

Aprovação da FDA para Imiquimod (3 de julho de 2013):

Em 15 de julho de 2004, a U.S. Food and Drug Administration (FDA) anunciou a aprovação de uma nova indicação para o imiquimod (Aldara® creme tópico, fabricado pela 3M Pharmaceuticals). Este produto está atualmente aprovado para o tratamento da queratose actínica e das verrugas genitais externas. A FDA aprovou agora a sua utilização para o tratamento do carcinoma basocelular superficial (sBCC), um tipo de cancro da pele.

Este tipo de cancro da pele é diagnosticado por um profissional de saúde após uma biopsia e é diferente de outros tipos de cancro da pele, incluindo outros tipos de carcinoma basocelular.

O carcinoma basocelular superficial é geralmente tratado por remoção cirúrgica. O imiquimod deve ser utilizado para o tratamento do CCB s apenas quando a cirurgia é clinicamente menos apropriada, porque as hipóteses de tratar eficazmente o CCB s são geralmente maiores com a cirurgia. Os doentes tratados com imiquimod para o CCB s devem fazer visitas regulares de acompanhamento após o tratamento para se certificarem de que o cancro da pele está completamente tratado.

A segurança e a eficácia do imiquimod foram estabelecidas em dois estudos controlados em dupla ocultação com aproximadamente 364 doentes. Nestes estudos, 75% dos doentes (139/185) tratados com imiquimod não apresentavam qualquer evidência clínica ou numa biopsia de repetição do seu CBC nas 12 semanas após o fim do tratamento. Num estudo separado a longo prazo que envolveu 182 doentes, 79% dos doentes não apresentavam qualquer evidência do seu CCB s dois anos após o fim do tratamento.

O cancro da pele pode ocorrer em qualquer parte do corpo, mas é mais frequente na pele que esteve

exposta à luz solar. O tipo mais comum de cancro da pele é o carcinoma basocelular, que afecta pelo menos 800.000 americanos todos os anos. O tipo superficial de carcinoma basocelular ocorre normalmente nos braços, pernas ou em partes do corpo como o peito ou as costas. Atualmente, a FDA está a aprovar o imiquimod para o tratamento do sBCC no corpo, pescoço, braços ou pernas, mas não para o tratamento do sBCC no rosto.
A maioria dos doentes que utilizou imiquimod para o tratamento do CCB s sofreu reacções cutâneas no local do tratamento, que incluem vermelhidão, inchaço, ferida ou bolha, descamação, comichão e ardor.

Referências

1. Karber, S.; Diamond, L. K.; Mercer, R. D.; Sylvester, R. F.; Woly, J. A.; N. Engl. J. Med. 238 (1940) 787.
2. Ward, J. R.; J. Rheumatol. 12 (1985) 3-6.
3. Kremer, J. M.; J. Rheumatol. 44 (1996) 34-37.
4. Moss, R. B.; Chest 107 (1995) 817-825.
5. Feagan, B. G.; Rochon, J.; Fedorak, R. N.; Irvine, E. J.; Wild, G.; Sutherland, L.; et. al. N. Engl. J. Med. 332 (1995) 292-297.
6. Leeman, L. M.; Wendland, C. L.; Arch. Fam. Med. 9 (2000) 72-77.
7. Marin, M. G.; Chest 112 (1997) 29-33.
8. Lichtman, S. M.; Brody, J.; Kaplin, M. H.; Susin, M.; Kodro, P.; Goh, J. C.; Leuk. Lymphoma 9 (1993) 393.
9. Walsh, C.; Wernz, J. C.; Levine, A.; Rarick, M.; Wilson, E.; et. al. J. Acquir. Immune Defic. Syndr. 6 (1993) 265.
10. Panozzo, J.; Panozzo, J.; Akan, E.; Libertin, C.; Woloschak, G. E.; Leukemia Research, 20 (1996) 309-317.
11. Stolink, S.; Illum, L.; Davis, S.S.; Adv. Drug. Deliv. Rev. 16 (1995) 195-214.
12. Maeda, H.; Seymour, L. M.; Miyamoto, Y.; Bioconjug. Chem. 3 (1992) 351-362.
13. Duncan, R.; Seymour, L.C.W.; Scarlett, L.; Lloyd, J.B.; Rejmanova, P.; Kopececk, J.; Biochem. Biophys. Ata 880 (1986) 62-71.
14. Mathews, D. A.; Alden, R. A.; Bolin, J. T.; Freer, S. T.; et. al. Science 197 (1977) 452.
15. As interacções gene-gene nas vias de biossíntese do folato e da adenosina afectam a eficácia e a tolerabilidade do metotrexato na artrite reumatoide por Dervieux Thierry, Wessels Judith A M, van der Straaten Tahar, Penrod Nadia, Moore Jason H, Guchelaar Henk-Jan, Kremer Joel M em Pharmacogenetics and genomics (2009).
16. Tratamento da leucemia linfoblástica aguda infantil sem irradiação craniana por Pui Ching-Hon, Campana Dario, Pei Deqing, Bowman W Paul, Sandlund John T, Kaste Sue C, Ribeiro Raul C, Rubnitz Jeffrey E, Raimondi Susana C, Onciu Mihaela, Coustan-Smith Elaine, Kun Larry E, Jeha Sima, Cheng Cheng, Howard Scott C, Simmons Vickey, Bayles Amy, Metzger Monika L, Boyett James M, Leung Wing, Handgretinger Rupert, Downing James R, Evans William E, Relling Mary V in The New England journal of medicine (2009).
17. Nefrotoxicidade induzida por metotrexato em doses elevadas em doentes com osteossarcoma por Widemann Brigitte C, Balis Frank M, Kempf-Bielack Beate, Bielack Stefan, Pratt Charles B, Ferrari Stefano, Bacci Gaetano, Craft Alan W, Adamson Peter C em Cancer (2004).
18. Variação genética germinal num polipeptídeo transportador de aniões orgânicos associada à farmacocinética e aos efeitos clínicos do metotrexato por Treviño Lisa R, Shimasaki Noriko, Yang Wenjian, Panetta John C, Cheng
Cheng, Pei Deqing, Chan Diana, Sparreboom Alex, Giacomini Kathleen M, Pui Ching-Hon, Evans William E, Relling Mary V in Journal of clinical oncology : jornal oficial da Sociedade Americana de Oncologia Clínica (2009).
19. Os efeitos secundários induzidos pelo metotrexato não se devem a diferenças na farmacocinética em crianças com síndrome de Down e leucemia linfoblástica aguda por Buitenkamp Trudy D, Mathôt Ron A A, de Haas Valerie, Pieters Rob, Zwaan C Michel em Haematologica (2010).
20. Pharmacokinetics and toxicity of high-dose intravenous methotrexate in the treatment of leptomeningeal carcinomatosis by Tetef M L, Margolin K A, Doroshow J H, Akman S, Leong L A, Morgan R J, Raschko J W, Slatkin N, Somlo G, Longmate J A, Carroll M I, Newman E M in Cancer chemotherapy and pharmacology (2000).
21. Avanços na previsão individual da toxicidade do metotrexato: uma revisão por Schmiegelow Kjeld no British journal of haematology (2009).
22. Expressão reduzida do transportador de folato na leucemia linfoblástica aguda: um mecanismo para a ploidia, mas não para as diferenças de linhagem na acumulação de metotrexato por Belkov V

M, Krynetski E Y, Schuetz J D, Yanishevski Y, Masson E, Mathew S, Raimondi S, Pui C H, Relling M V, Evans W E in Blood (1999).
23. Expressão reduzida do gene transportador de folato na leucemia linfoblástica aguda infantil: relação com
imunofenótipo e ploidia por Zhang L, Taub J W,
Williamson M, Wong S C, Hukku B, Pullen J, Ravindranath Y, Matherly L H in Clinical cancer research : an official journal of the American Association for Cancer Research (1998).
24. Multidrug resistance proteins and folate supplementation: therapeutic implications for antifolates and other classes of drugs in cancer treatment por Hooijberg J H, de Vries N A, Kaspers G J L, Pieters R, Jansen G, Peters G J em Cancer chemotherapy and pharmacology (2006).
25. Differences in constitutive and post-methotrexate folylpolyglutamate synthetase activity in B-lineage and T- lineage leukemia by Barredo J C, Synold T W, Laver J, Relling M V, Pui C H, Priest D G, Evans W E in Blood (1994).
26. Intrinsic and acquired resistance to methotrexate in acute leukemia por Gorlick R, Goker E, Trippett T, Waltham M, Banerjee D, Bertino J R em The New England journal of medicine (1996).
27. Methotrexate intracellular disposition in acute lymphoblastic leukemia: a mathematical model of gammaglutamyl hydrolase activity by Panetta John Carl, Wall Amelia, Pui Ching-Hon, Relling Mary V, Evans William E in Clinical cancer research : an official journal of the American Association for Cancer Research (2002).
28. Karyotypic abnormalities create discordance of germline genotype and cancer cell phenotypes por Cheng Qing, Yang WenJian, Raimondi Susana C, Pui Ching-Hon, Relling Mary V, Evans William E em Nature genetics (2005).
29. Regulação epigenética da atividade da gama-glutamil hidrolase humana em células de leucemia linfoblástica aguda por Cheng Qing, Cheng Cheng, Crews Kristine R, Ribeiro Raul C, Pui Ching-Hon, Relling Mary V, Evans William E em American journal of human genetics (2006).
30. A poliglutinação do metotrexato com polimorfismos comuns no transportador reduzido de folato, na aminoimidazole carboxamide ribonucleotide transformylase e na timidilato sintase está associada aos efeitos do metotrexato na artrite reumatoide por Dervieux Thierry, Furst Daniel, Lein Diana Orentas, Capps Robert, Smith Katie, Walsh Michael, Kremer Joel em Arthritis and rheumatism (2004).
31. O efeito do genótipo na variabilidade do poliglutamato de metotrexato na artrite idiopática juvenil e a associação com a resposta ao fármaco por Becker Mara L, Gaedigk Roger, van Haandel Leon, Thomas Bradley, Lasky Andrew, Hoeltzel Mark, Dai Hongying, Stobaugh John, Leeder J Steven em Arthritis and rheumatism (2011).
32. Um polimorfismo funcional específico do substrato da gama-glutamil hidrolase humana altera a atividade catalítica e a acumulação de poliglutamato de metotrexato em células de leucemia linfoblástica aguda por Cheng Qing, Wu Bainan, Kager Leo, Panetta J Carl, Zheng Jie, Pui Ching-Hon, Relling Mary V, Evans William E em Pharmacogenetics (2004).
33. A expressão do gene da via do folato difere em subtipos de leucemia linfoblástica aguda e influencia a farmacodinâmica do metotrexato por Kager Leo, Cheok Meyling, Yang Wenjian, Zaza Gianluigi, Cheng Qing, Panetta John C, Pui Ching-Hon, Downing James R, Relling Mary V, Evans William E em The Journal of clinical investigation (2005).
34. Mecanismos de resistência ao metotrexato no osteossarcoma por Guo W, Healey J H, Meyers P A, Ladanyi M, Huvos A G, Bertino J R, Gorlick R em Clinical cancer research : an official journal of the American Association for Cancer Research (1999).
35. Pharmacogenetics of methotrexate: toxicity among marrow transplantation patients varies with the methylenetetrahydrofolate reductase C677T polymorphism by Ulrich C M, Yasui Y, Storb R, Schubert M M, Wagner J L, Bigler J, Ariail K S, Keener C L, Li S, Liu H, Farin F M, Potter J D in Blood (2001).
36. Os genótipos da metilenotetrahidrofolato redutase e da timidilato sintase modificam a gravidade da mucosite oral após o transplante de células estaminais hematopoiéticas por Robien K, Schubert M M, Chay T, Bigler J, Storb R, Yasui Y, Potter J D, Ulrich C M em Bone marrow transplantation

(2006).
37. Polimorfismos no gene da proteína 4 associada à resistência a múltiplos fármacos estão associados a resultados na leucemia linfoblástica aguda infantil por Ansari Marc, Sauty Géraldine, Labuda Malgorzata, Gagné Vincent, Laverdière Caroline, Moghrabi Albert, Sinnett Daniel, Krajinovic Maja in Blood (2009).
38. DNA variants in the dihydrofolate reductase gene and outcome in childhood ALL por Dulucq Stéphanie, St-Onge Geneviève, Gagné Vincent, Ansari Marc, Sinnett Daniel, Labuda Damian, Moghrabi Albert, Krajinovic Maja em Blood (2008).
39. A associação entre o polimorfismo 80G>A do transportador de folato reduzido e o resultado na leucemia linfoblástica aguda infantil interage com o número de cópias do cromossoma 21 por Gregers Jannie, Christensen Ib Jarle, Dalhoff Kim, Lausen Birgitte, Schroeder Henrik, Rosthoej Steen, Carlsen Niels, Schmiegelow Kjeld, Peterson Curt em Blood (2010).
40. Combinação de vários polimorfismos do gene da timidilato sintase para análise farmacogenética por Krajinovic M, Costea I, Primeau M, Dulucq S, Moghrabi A em The pharmacogenomics journal (2005).
41. Role of polymorphisms in MTHFR and MTHFD1 genes in the outcome of childhood acute lymphoblastic leukemia by Krajinovic M, Lemieux-Blanchard E, Chiasson S, Primeau M, Costea I, Moghrabi A in The pharmacogenomics journal (2004).
42. Polimorfismo G80A no gene do transportador reduzido de folato e sua relação com os níveis plasmáticos de metotrexato e o resultado da leucemia linfoblástica aguda infantil por Laverdière Caroline, Chiasson Sonia, Costea Irina, Moghrabi Albert, Krajinovic Maja em Blood (2002).
43. Pharmacogenetics of outcome in children with acute lymphoblastic leukemia por Rocha José Cláudio C, Cheng Cheng, Liu Wei, Kishi Shinji, Das Soma, Cook Edwin H, Sandlund John T, Rubnitz Jeffrey, Ribeiro Raul, Campana Dario, Pui Ching-Hon, Evans William E, Relling Mary V em Blood (2005).
44. A variação adquirida supera a variação hereditária na análise do genoma completo da acumulação de poliglutamato de metotrexato na leucemia por French Deborah, Yang Wenjian, Cheng Cheng, Raimondi Susana C, Mullighan Charles G, Downing James R, Evans William E, Pui Ching-Hon, Relling Mary V in Blood (2009).
45. A resposta in vivo ao metotrexato prevê o resultado da leucemia linfoblástica aguda e tem um perfil de expressão genética distinto por Sorich Michael J, Pottier Nicolas, Pei Deqing, Yang Wenjian, Kager Leo, Stocco Gabriele, Cheng Cheng, Panetta John C, Pui Ching-Hon, Relling Mary V, Cheok Meyling H, Evans William E em PLoS medicine (2008).
46. Interrogatório genómico da variação genética da linha germinal associada à resposta ao tratamento na leucemia linfoblástica aguda infantil por Yang Jun J, Cheng Cheng, Yang Wenjian, Pei Deqing, Cao Xueyuan, Fan Yiping, Pounds Stanley B, Neale Geoffrey, Treviño Lisa R, French Deborah, Campana Dario, Downing James R, Evans William E, Pui Ching-Hon, Devidas Meenakshi, Bowman W P, Camitta Bruce M, Willman Cheryl L, Davies Stella M, Borowitz Michael J, Carroll William L, Hunger Stephen P, Relling Mary V in JAMA : o jornal da Associação Médica Americana (2009).
47. Polimorfismos do gene da via do metotrexato (MTX) e os seus efeitos na toxicidade do MTX em doentes caucasianos e afro-americanos com artrite reumatoide por Ranganathan Prabha, Culverhouse Robert, Marsh Sharon, Mody Ami, Scott-Horton Tiffany J, Brasington Richard, Joseph Amy, Reddy Virginia, Eisen Seth, McLeod Howard L no The Journal of rheumatology (2008).
48. A eficácia e a toxicidade do metotrexato na artrite reumatoide precoce estão associadas a polimorfismos de nucleótido único nos genes que codificam as enzimas da via do folato por Wessels Judith A M, de Vries-Bouwstra Jeska K, Heijmans Bas T, Slagboom P Eline, Goekoop- Ruiterman Yvonne P M, Allaart Cornelia F, Kerstens Pit J S M, van Zeben Derkjen, Breedveld Ferdinand C, Dijkmans Ben A C, Huizinga Tom W J, Guchelaar Henk- Jan in Arthritis and rheumatism (2006).
49. Molecular action of methotrexate in inflammatory diseases por Chan Edwin S L, Cronstein Bruce N em Arthritis research (2002).
50. Relação entre variantes genéticas na via da adenosina e o resultado do tratamento com

metotrexato em pacientes com artrite reumatoide de início recente por Wessels Judith A M, Kooloos Wouter M, De Jonge Robert, De Vries-Bouwstra Jeska K, Allaart Cornelia F, Linssen Annelies, Collee Gerard, De Sonnaville Peter, Lindemans Jan, Huizinga Tom W J, Guchelaar Henk-Jan em Arthritis and rheumatism (2006).
51. Um modelo clínico farmacogenético para prever a eficácia da monoterapia com metotrexato na artrite reumatoide de início recente por Wessels Judith A M, van der Kooij Sjoerd M, le Cessie Saskia, Kievit Wietske, Barerra Pilar, Allaart Cornelia F, Huizinga Tom W J, Guchelaar Henk-Jan, Pharmacogenetics Collaborative Research Group in Arthritis and rheumatism (2007).
52. Wessels JA, Huizinga TW, Guchelaar HJ. Recent insights in the pharmacological actions of methotrexate in the treatment of rheumatoid arthritis. Rheumatology (Oxford) 2008; 47:249-255; e Chemotherapy and the war on cancer, Bruce A. Chabner & Thomas G. Roberts, Jr, Nature Reviews Cancer 5, 65-72 (janeiro de 2005).
53. Kremer JM. Tratamento das doenças reumáticas com metotrexato: podemos fazer melhor? Arthritis Rheum 2008; 58:32793282.
54. van Roon JA, Jacobs K, Verstappen S, *et al.* A redução dos níveis séricos de interleucina 7 após terapêutica com metotrexato na artrite reumatoide inicial está correlacionada com a supressão da doença. Ann Rheum Dis 2008; 67:1054-1055.
55. Herman S, Zurgil N, Langevitz P, *et al.* O metotrexato modula seletivamente o equilíbrio TH1/TH2 em doentes com artrite reumatoide ativa. Clin Exp Rheumatol 2008; 26:317-323.
56. Schaumburg, IL: Abraxis Oncology, a Division of American Pharmaceutical Partners, Inc; 2005. Abraxane®: Informação de prescrição.
57. Aumento da atividade antitumoral, das concentrações intratumorais de paclitaxel e do transporte de células endoteliais do paclitaxel livre de cremóforo e ligado à albumina, ABI-007, em comparação com o paclitaxel à base de cremóforo. Desai N, Trieu V, Yao Z, Louie L, Ci S, Yang A, Tao C, De T, Beals B, Dykes D, Noker P, Yao R, Labao E, Hawkins M, Soon-Shiong P, Clin Cancer Res. 2006 Feb 15; 12(4):1317-24.
58. Desai N, Yao Z, Trieu V, et al. Evidência de um novo mecanismo de transporte para um paclitaxel (ABI-007) livre de Cremophorfree, com engenharia de proteínas, e maior atividade antitumoral in vivo num modelo de xenoenxerto de tumor da mama humano MX-1. 25º Simpósio Anual da Conferência da Mama de San Antonio; San Antonio, TX. dezembro de 1114.2002.
59. Estudo de fase I e farmacocinético do ABI-007, uma nanopartícula estabilizada por proteínas, sem Cremophor
formulação de paclitaxel. Ibrahim NK, Desai N, Legha S, Soon-Shiong P, Theriault RL, Rivera E, Esmaeli B, Ring SE, Bedikian A, Hortobagyi GN, Ellerhorst JA, Clin Cancer Res. 2002 maio; 8(5):1038-44.
60. Ensaio multicêntrico de fase II do ABI-007, um paclitaxel ligado à albumina, em mulheres com cancro da mama metastático. Ibrahim NK, Samuels B, Page R, Doval D, Patel KM, Rao SC, Nair MK, Bhar P, Desai N, Hortobagyi GN, J Clin Oncol. 2005 Sep 1; 23(25):6019-26.
61. Gradishar WJ, Tjulandin S, Davidson N, Shaw H, Desai N, Bhar P, et al. Phase III trial of nanoparticle albuminbound paclitaxel compared with polyethylated castor oilbased paclitaxel in women with breast cancer. J Clin Oncol. 2005;23(31):7794-7803. [PubMed]
62. Nyman DW, Campbell KJ, Kristen Long EH, et al. Phase I and pharmacokinetics trial of ABI-007, a novel nanoparticle formulation of paclitaxel in patients with advanced nonhematologic malignancies. J Clin Oncol. 2005;23(31):7785-7793. [PubMed]
63. McEvoy, G.K. (ed.). Serviço de Formulário Hospitalar Americano. AHFS Drug Information. Sociedade Americana de Farmacêuticos do Sistema de Saúde, Bethesda, MD. 2007., p. 993.
64. Physicians Desk Reference 61st ed, Thomson PDR, Montvale, NJ 2007, p. 1143.
65. Pauletti G, Dandekar S, Rong H, Ramos L, Peng H, Seshadri R, Slamon DJ. Assessment of

methods for tissuebased detection of the HER-2/neu alteration in human breast cancer: a direct comparison of fluorescence in situ hybridization and immunohistochemistry. J Clin Oncol. 2000;18:3651-3664. [PubMed]
66. Slamon DJ, Clark GM, Wong SG, Levin WJ, Ullrich A, McGuire WL. Cancro da mama humano: correlação da recidiva e sobrevivência com a amplificação do oncogene HER-2/neu. Science. 1987;235:177-182. doi: 10.1126/science.3798106. [PubMed] [Cross Ref]
67. Sliwkowski MX, Lofgren JA, Lewis GD, Hotaling TE, Fendly BM, Fox JA. Estudos não clínicos sobre o mecanismo de ação do trastuzumab (Herceptin) Semin Oncol. 1999;26:60-70. [PubMed]
68. Slamon DJ, Leyland-Jones B, Shak S, Fuchs H, Paton V, Bajamonde A, Fleming T, Eiermann W, Wolter J, Pegram M, Baselga J, Norton L. Use of chemotherapy plus a monoclonal antibody against HER2 for metastatic breast cancer that overexpresses HER2. N Engl J Med. 2001;344:783-792. doi: 10.1056/NEJM200103153441101. [PubMed] [Cross Ref]
69. Piccart-Gebhart MJ, Procter M, Leyland-Jones B, Goldhirsch A, Untch M, Smith I, Gianni L, Baselga J, Bell R, Jackisch C, Cameron D, Dowsett M, Barrios CH, Steger G, Huang CS, Andersson M, Inbar M, Lichinitser M, Lang I, Nitz U, Iwata H, Thomssen C, Lohrisch C, Suter TM, Ruschoff J, Suto T, Greatorex V, Ward C, Straehle C,McFadden E, Dolci MS, Gelber R. et al. Trastuzumab após quimioterapia adjuvante no cancro da mama HER2-positivo. N EnglJMed.2005;353:1659-1672.doi:10.1056/NEJMoa052306. [PubMed] [Cross Ref]
70. Nahta R, Yu D, Hung MC, Hortobagyi GN, Esteva FJ. Mechanisms of disease: understanding resistance to HER2- targeted therapy in human breast cancer (Mecanismos da doença: compreender a resistência à terapêutica orientada para o HER2 no cancro da mama humano). Nat Clin Pract Oncol. 2006;3:269-280. doi: 10.1038/ncponc0509. [PubMed] [Cross Ref]
71. Geyer CE, Forster J, Lindquist D, Chan S, Romieu CG, Pienkowski T, Jagiello-Gruszfeld A, Crown J, Chan A, Kaufman B, Skarlos D, Campone M, Davidson N, Berger M, Oliva C, Rubin SD, Stein S, Cameron D. Lapatinib plus capecitabine for HER2-positive advanced breast cancer. N EnglJMed . 2006;355:2733-2743. doi: 10.1056/NEJMoa064320. [PubMed] [Cross Ref]
72. Nahta R, Shabaya S, Ozbay T, Rowe DL. Personalizing HER2-targeted therapy in metastatic breast cancer beyond HER2 status: what we have learned from clinical specimens. Curr Pharmacogenomics Person Med. 2009;7:263-274. doi: 10.2174/187569209790112337. [PMC free article] [PubMed] [Cross Ref]
73. Baselga J, Cortes J, Kim SB, Im SA, Hegg R, Im YH, Roman L, Pedrini JL, Pienkowski T, Knott A, Clark E, Benyunes MC, Ross G, Swain SM. Pertuzumab mais trastuzumab mais docetaxel para o cancro da mama metastático. N EnglJMed. 2012;366:109-119. doi: 10.1056/NEJMoa1113216. [PubMed] [Cross Ref]
74. O'Neill GJ. In: Drug Carriers in Biology and Medicine. Gregoriadis G, editor. London: Academic Press; 1979. The use of antibodies as drug carriers; pp. 23-43.
75. Lewis Phillips GD, Li G, Dugger DL, Crocker LM, Parsons KL, Mai E, Blattler WA, Lambert JM, Chari RV, Lutz RJ, Wong WL, Jacobson FS, Koeppen H, Schwall RH, Kenkare-Mitra SR, Spencer SD, Sliwkowski MX. Targeting HER2-positive breast cancer with trastuzumab- DM1, an antibody-cytotoxic drug conjugate. Cancer Res. 2008;68:9280-9290. doi: 10.1158/0008-5472.CAN-08- 1776. [PubMed] [Cross Ref]
76. Kovtun YV, Goldmacher VS. Cell killing by antibodydrug conjugates. Cancer Lett.

2007;255:232-240. doi: 10.1016/j.canlet.2007.04.010. [PubMed] [Cross Ref]
77. Ritchie M, Tchistiakova L, Scott N. Implicações da endocitose mediada por receptores e da dinâmica do tráfico intracelular no desenvolvimento de conjugados anticorpo-fármaco. MAbs. 2013;5:13-21. doi: 10.4161/mabs.22854. [PMC free article] [PubMed] [Cross Ref]
78. Erickson HK, Park PU, Widdison WC, Kovtun YV, Garrett LM, Hoffman K, Lutz RJ, Goldmacher VS, Blattler WA. Os conjugados anticorpo-maitansinóide são activados em células cancerígenas visadas por degradação lisossomal e processamento intracelular dependente de ligação. Cancer Res. 2006;66:4426-4433. doi: 10.1158/0008-5472.CAN-05-4489. [PubMed] [Cross Ref]
79. Chari RV. Targeted cancer therapy: confering specificity to cytotoxic drugs. Acc Chem Res. 2008;41:98- 107. doi: 10.1021/ar700108g. [PubMed] [Cross Ref]
80. Junttila TT, Li G, Parsons K, Phillips GL, Sliwkowski MX. O Trastuzumab-DM1 (T-DM1) mantém todos os mecanismos de ação do trastuzumab e inibe eficazmente o crescimento do cancro da mama insensível ao lapatinib. Breast Cancer Res Treat. 2010;128:347-356. [PubMed]
81. von Minckwitz G, du Bois A, Schmidt M, Maass N, Cufer T, de Jongh FE, Maartense E, Zielinski C, Kaufmann M, Bauer W, Baumann KH, Clemens MR, Duerr R, Uleer C, Andersson M, Stein RC, Nekljudova V, Loibl S. Trastuzumab beyond progression in human epidermal growth fator recetor 2-positive advanced breast cancer: a german breast group 26/breast international group 03-05 study. J Clin Oncol. 2009;27:1999-2006. doi: 10.1200/JCO.2008.19.6618. [PubMed] [Cross Ref]
82. Blackwell KL, Burstein HJ, Storniolo AM, Rugo H, Sledge G, Koehler M, Ellis C, Casey M, Vukelja S, Bischoff J, Baselga J, O'Shaughnessy J. Randomized study of lapatinib alone or in combination with trastuzumab in women with ErbB2-positive, trastuzumab-refractory metastatic breast cancer. J Clin Oncol. 2010;28:1124-1130. doi: 10.1200/JCO.2008.21.4437. [PubMed] [Cross Ref]
83. Gewirtz DA. A critical evaluation of the mechanisms of action proposed for the antitumor effects of the anthracycline antibiotics adriamycin and daunorubicin. Biochem Pharmacol. 1999;57:727-741. [PubMed]
84. Doroshow JH. Papel do peróxido de hidrogénio e da formação de radicais hidroxilo na morte de células tumorais de Ehrlich por quinonas anticancerígenas. Proc Natl Acad Sci U S A. 1986;83:4514-4518. [PMC free article] [PubMed]
85. Pawlowska J, Tarasiuk J, Wolf CR, Paine MJ, Borowski E. Capacidade diferencial dos citostáticos do grupo das antraquinonas para gerar radicais livres em três sistemas enzimáticos: NADH desidrogenase, NADPH citocromo P450 redutase e xantina oxidase. Oncol Res. 2003;13:245-252. [PubMed]
86. Fogli S, Nieri P, Breschi MC. The role of nitric oxide in anthracycline toxicity and prospects for pharmacologic prevention of cardiac damage. FASEB J. 2004;18:664-675. [PubMed]
87. Tewey KM, Rowe TC, Yang L, Halligan BD, Liu LF. Danos no ADN induzidos pela adriamicina e mediados pela DNAtopoisomerase-II de mamíferos .
1984;226:466-468. [PubMed]
88. Oakman C, Moretti E, Galardi F, Santarpia L, Di Leo A. The role of topoisomerase-IIalpha and HER-2 in predicting sensitivity to anthracyclines in breast cancer patients. Cancer Treat Rev. 2009;35:662-667. [PubMed]
89. Fedier A, Schwarz VA, Walt H, Carpini RD, Haller U, Fink D. Resistance to topoisomerase venons due to loss of DNA mismatch repair. Int J Cancer. 2001;93:571-576. [PubMed]
90. Robles AI, Wang XW, Harris CC. A apoptose induzida por fármacos é atrasada e reduzida nas

linhas celulares linfoblastóides XPD: possível papel do TFIIH na morte celular apoptótica mediada por p53. Oncogene. 1999;18:4681-4688. [PubMed]
91. Minotti G, Recalcati S, Menna P, Salvatorelli E, Corna G, Cairo G. Doxorubicin cardiotoxicity and the control of iron metabolism: quinone-dependent and independent mechanisms. Methods Enzymol. 2004;378:340-361. [PubMed]
92. Wallacc KB. Adriamycin-induccd intcrfcrcncc with cardiac mitochondrial calcium homeostasis. Cardiovasc Toxicol. 2007;7:101-107. [PubMed]
93. Swain SM, Whaley FS, Gerber MC, Weisberg S, York M, Spicer D, et al. Cardioprotecção com dexrazoxano para terapia contendo doxorrubicina em cancro da mama avançado. J Clin Oncol. 1997;15:1318-1332. [PubMed]
94. Wojnowski L, Kulle B, Schirmer M, Schluter G, Schmidt A, Rosenberger A, et al. NAD(P)H oxidase and multidrug resistance protein genetic polymorphisms are associated with doxorubicin-induced cardiotoxicity. Circulation. 2005;112:3754-3762. [PubMed]
95. Rossi D, Rasi S, Franceschetti S, Capello D, Castelli A, De Paoli L, et al. Análise dos antecedentes farmacogenéticos do hospedeiro para a previsão do resultado e da toxicidade no linfoma difuso de grandes células B tratado com R-CHOP21. Leukemia. 2009;23:1118-1126. [PubMed]
96. Minotti G, Recalcati S, Mordente A, Liberi G, Calafiore AM, Mancuso C, et al. O metabolito secundário do álcool da doxorrubicina inativa irreversivelmente a proteína reguladora da aconitase/ferro-1 em fracções citosólicas do miocárdio humano. FASEB J. 1998;12:541-552. [PubMed]
97. Olson RD, Mushlin PS, Brenner DE, Fleischer S, Cusack BJ, Chang BK, et al. Doxorubicin cardiotoxicity may be caused by its metabolite, doxorubicinol. Proc Natl Acad Sci U S A. 1988;85:3585-3589. [PMC free article] [PubMed]
98. Weinstein DM, Mihm MJ, Bauer JA. Cardiac peroxynitrite formation and left ventricular dysfunction following doxorubicin treatment in mice. J Pharmacol Exp Ther. 2000;294:396-401. [PubMed]
99. Clementi ME, Giardina B, Di Stasio E, Mordente A, Misiti F. Os metabolitos derivados da doxorrubicina induzem a libertação do citocromo C e a inibição da respiração em mitocôndrias cardíacas isoladas. Anticancer Res. 2003;23:2445- 2450. [PubMed]
100. Hasinoff BB, Patel D, Wu X. O quelante oral de ferro ICL670A (deferasirox) não protege os miócitos contra a doxorrubicina. Free Radic Biol Med. 2003;35:1469-1479. [PubMed]
101. Lyu YL, Kerrigan JE, Lin CP, Azarova AM, Tsai YC, Ban Y, et al. Topoisomerase-IIbeta mediated DNA doublestrand breaks: implications in doxorubicin cardiotoxicity and prevention by dexrazoxane. Cancer Res. 2007;67:8839-8846. [PubMed]
102. Van Dalen EC, Michiels EM, Caron HN, Kremer LC. Diferentes derivados de antraciclinas para reduzir a cardiotoxicidade em doentes com cancro. Cochrane Database Syst Rev. 2010;5:CD005006. [PubMed]
103. Robert J. Preclinical assessment of anthracycline cardiotoxicity in laboratory animals: predictiveness and pitfalls. Cell Biol Toxicol. 2007;23:27-37. [PubMed]
104. Platel D, Pouna P, Bonoron-Adele S, Robert J. Comparative cardiotoxicity of idarubicin and doxorubicin using the isolated perfused rat heart model. Anti-cancer Drugs. 1999;10:671-676. [PubMed]
105. Neef C, de Voogd-van der Straaten I. Uma interação entre medicamentos citostáticos e anticonvulsivantes. Clin Pharmacol Ther. 1988;43:372-375. [PubMed]
106. Cusack BJ, Tesnohlidek DA, Loseke VL, Vestal RE, Brenner DE, Olson RD. Effect of

phenytoin on the pharmacokinetics of doxorubicin and doxorubicinol in the rabbit. Cancer Chemother Pharmacol. 1988;22:294-298. [PubMed]
107. Colombo T, Zucchetti M, D'Incalci M. Cyclosporin A markedly changes the distribution of doxorubicin in mice and rats. J Pharmacol Exp Ther. 1994;269:22-27. [PubMed]
108. Singhal SS, Sehrawat A, Sahu M, Singhal P, Vatsyayan R, Rao Lelsani PC, et al. Rlip76 transporta sunitinib e sorafenib e medeia a resistência aos medicamentos no cancro do rim. Int J Cancer. 2010;126:1327-1338. [PMC free article] [PubMed]
109. Gianni L, Salvatorelli E, Minotti G. Cardiotoxicidade das antraciclinas em doentes com cancro da mama: sinergismo com trastuzumab e taxanos. Cardiovasc Toxicol. 2007;7:67- 71. [PubMed]
110. Jhanwar-Uniyal M et al; Adv Biol Regul 57: 64-74 (2015).
111. Margarete Schon e Michael P. Schon, The Antitumoral Mode of Action of Imiquimod and Other Imidazoquinolines, Current Medicinal Chemistry, 2007, 14, 681-687.
112. Chen, M.; Griffith, B.P.; Lucia, H.L.; Hsiung, G.D. Antimicrob. Agents Chemother. 1988, 32, 678.
113. Harrison, C.J.; Jenski, L.; Voychehovski, T.; Bernstein, D.I. Antiviral Res. 1988, 10, 209.
114. Sidky, Y.A.; Borden, E.C.,; Weeks, C.E.; Reiter, M.J.; Hatcher, J.F.; Bryan, G.T. Cancer Res. 1992, 52, 3528.
115. Gerster, J.F.; Lindstrom, K.J.; Miller, R.L.; Tomai, M.A.; Birmachu, W.; Bomersine, S.N.; Gibson, S.J.; Imbertson, L.M.; Jacobson, J.R.; Knafla, R.T.; Maye, P. V.; Nikolaides, N.; Oneyemi, F. Y.; Parkhurt, G. J.; Pecore, S. E.; Reiter, M. J.; Scribner, L. S.; Testerman, T. L.; Thompson, N. J.; Wagner, T. L.; Weeks, C. E.; Andre, J. D.; Lagain, D.; Bastard, Y.; Lupu, M.. J. Med. Chem. 2005, 48, 3481.
116. Gollnick, H.; Barasso, R.; Jappe, U.; Ward, K.; Eul, A.; Carey-Yard, M.; Milde, K. Int. J. STD AIDS 2001, 12, 22.
117. Sterry, W.; Ruzicka, T.; Herrera, E.; Takwale, A.; Bichel, J.; Andres, K.; Ding, L.; Thissen, M.R. Br. J. Dermatol. 2002, 147, 1227.
118. Geisse, J.; Caro, I.; Lindholm, J.; Golitz, L.; Stampone, P.; Owens, M. J. Am. Acad. Dermatol. 2004, 50, 722.
119. Bath-Hextall, F.; Bong, F.; Perkins, W.; Williams, H. Br. Med. J. 2004, 329, 705.
120. Schulze, H.J.; Cribier, B.; Requena, L.; Reifenberger, J.; Ferrandiz, C.; Garcia Diez, A.; Tebbs, V.; McRae, S. Br. J. Dermatol. 2005, 152, 939.
121. Gollnick, H.; Barona, C.G.; Frank, R.G.; Ruzicka, T.; Megahed, M.; Tebbs, V.; Owens, M.; Stampone, P. Eur. J. Dermatol. 2005, 15, 374.
122. Dendorfer, M.; Oppel, T.; Wollenberg, A.; Prinz, J.C. Eur. J. Dermatol. 2003, 13, 80.
123. Peris, K.; Micantonio, T.; Fargnoli, M.C. Eur. J. Dermatol. 2003, 13, 413.
124. Stockfleth, E.; Meyer, T.; Benninghoff, B.; Salasche, S.; Papadopoulos, L.; Ulrich, C.; Christophers, E. Arch. Dermatol. 2002, 138, 1498.
125. Lebwohl, M.; Dinehart, S.; Whiting, D.; Lee, P.K.; Tawfik, N.; Jorizzo, J.; Lee, J.H.; Fox, T.L. J. Am. Acad. Dermatol. 2004, 50, 714.
126. Szeimies, R.M.; Gerritsen, M.J.; Gupta, G.; Ortonne, J.P.; Serresi, S.; Bichel, J.; Lee, J.H.; Fox, T.L.; Alomar, A. J. Am. Acad. Dermatol. 2004, 51, 547.
127. Korman, N.; Moy, R.; Ling, M.; Matheson, R.; Smith, S.; McKane, S.; Lee, J.H. Arch. Dermatol. 2005, 141, 467.
128. Hadley, G.; Derry, S.; Moore, R.A. J. Invest. Dermatol. 2006, 126, 1251.
129. Patel, K.; Goodwin, R.; Chawla, M.; Laidler, P.; Price, P.E.; Finlay, A.Y.; Motley, R.J. J. Am.

Acad. Dermatol. 2006, 54, 1025.
130. Peris, K.; Micantonio, T.; Fargnoli, M.C.; Lozzi, G.P.; Chimenti, S. J. Am. Acad. Dermatol. 2006, 55, 324.
131. Steinmann, A.; Funk, J.O.; Schuler, G.; von den Driesch, P. J. Am. Acad. Dermatol. 2000, 43, 555.
132. Ugurel, S.; Wagner, A.; Pfohler, C.; Tilgen, W.; Reinhold, U. Br. J. Dermatol. 2002, 147, 621.
133. Bong, A.B.; Bonnekoh, B.; Franke, I.; Schon, M.P.; Ulrich, J.; Gollnick, H. Dermatology 2002, 205, 135.
134. Wolf, I.H.; Smolle, J.; Binder, B.; Cerroni, L.; Richtig, E.; Kerl, H. Arch. Dermatol. 2003, 139, 273.
135. Zeitouni, N.C.; Dawson, K.; Cheney, R.T. Br. J. Dermatol. 2005, 152, 376.
136. Fleming, C.J.; Bryden, A.M.; Evans, A.; Dawe, R.S.; Ibbotson, S.H. Br. J. Dermatol. 2004, 151, 485.
137. Kamin, A.; Eigentler, T.K.; Radny, P.; Bauer, J.; Weide, B.; Garbe, C. J. Am. Acad. Dermatol. 2005, 52 (suppl. 1), 51.
138. Wolf, I.H.; Cerroni, L.; Kodama, K.; Kerl, H. Arch. Dermatol. 2005, 141, 510.
139. Ray, C.M.; Kluk, M.; Grin, C.M.; Grant-Kels, J.M. Int. J. Dermatol. 2005, 44, 428.
140. Lonsdale-Eccles, A.A.; Morgan, J.M.; Nagarajan, S.; Cruickshank, D.J. Br. J. Dermatol. 2006, 155, 215.
141. Suchin, K.R.; Junkins-Hopkins, J.M.; Rook, A.H. Arch. Dermatol. 2002, 138, 1137.
142. Dummer, R.; Urosevic, M.; Kempf, W.; Kazakov, D.; Burg, G. Dermatology 2003, 207, 116.
Chong, A.; Loo, W.J.; Banney, L.; Grant, J.W.; Norris, P.G. J. Dermatolog. Treat. 2004, 15, 118.
143. Deeths, M.J.; Chapman, J.T.; Dellavalle, R.P.; Zeng, C.; Aeling, J.L. J. Am. Acad. Dermatol. 2005, 52, 275.
144. Smith, K.J.; Germain, M.; Skelton, H. Dermatol. Surg. 2001, 27, 561.
145. Prinz, B.M.; Hafner, J.; Dummer, R.; Burg, G.; Bruswanger, U.; Kempf, W. Transplantation 2004, 77, 790.
146. Dockrell, D.H.; Kinghorn, G.R. J. Antimicrob. Chemother. 2001, 48,751.
147. Bottrell, R.L.; Yang, Y.L.; Levy, D.E.; Tomai, M.; Reis, L.F. Antimicrob. Agents Chemother. 1999, 43, 856.
148. Stephanou, A.; Latchman, D.S. Growth Factors 2005, 23, 177.
149. Berman, B.; Sullivan, T.P.; De Araujo, T.; Nadji, T. Br. J. Dermatol. 2003, 149 (suppl. 66), 59.
150. Vidal, D.; Matias-Guiu, X.; Alomar, A. Br. J. Dermatol. 2004, 151, 656.
151. Schon, M.; Bong, A.B.; Drewniok, C.; Herz, J.; Geilen, C.C.; Reifenberger, J.; Benninghoff, B.; Slade, H.B.; Gollnick, H.; Schon, M.P. J. Natl. Cancer Inst. 2003, 95, 1138.
152. Sullivan, T.P.; Dearaujo, T.; Vincek, V.; Berman, B. Dermatol. Surg. 2003, 29, 1181.
153. Sidbury, R.; Neuschler, N.; Neuschler, E.; Sun, P.; Wang, X.Q.; Miller, R; Tomai, M.; Puscasiu, E.; Gugneja, S.; Paller, A.S. J. Invest. Dermatol. 2003, 121, 1205.
154. Schon, M.P.; Wienrich, B.G.; Drewniok, C.; Bong, A.B.; Eberle, J.; Geilen, C.C.; Gollnick, H.; Schon, M. J. Invest. Dermatol. 2004, 122, 1266.
155. Meyer, T.; Nindl, I.; Schmook, T.; Ulrich, C.; Sterry, W.; Stockfleth, E. Br. J. Dermatol. 2003, 149, 9.
156. Raisova, M.; Hossini, A.M.; Eberle, J.; Riebeling, C.; Wieder, T.; Sturm, I.; Daniel, P.T.;

Orfanos, C.E.; Geilen, C.C. J. Invest. Dermatol. 2001, 117, 333.
157. Cryns, V.; Yuan, J. Genes Dev. 1999, 12, 1551.

Printed by Books on Demand GmbH, Norderstedt / Germany